한눈에 알아보는
우리 나무 2

한눈에 알아보는 우리 나무

차이점을 비교하는 신개념 나무도감

2

박승철 지음

글항아리

식물도감은 보통 사진과 설명을 따로 분리하다 보니, 사진이 작아지고 그 수도 적어 책을 볼 때마다 답답하다는 인상을 지울 수 없었다. 그래서 사진을 크고 시원하게 보면서도 설명을 읽을 수 있으며, 그 뜻을 바로 알 수 있는 나무도감이 필요하다고 생각했고 그에 따라 책을 구성했다. 읽을 때 미리 알아두면 유용한 것들을 간략히 설명한다.

사진의 배치

이 책에 수록된 사진은 1998년부터 2020년까지 23년 동안 현지에서 직접 찍은 150만 장의 사진 가운데 4만여 장을 고른 것이다. 이것을 재료로 나무도감을 집필하여 권당 400~500쪽 정도의 전체 8권으로 묶어낸다. 종당 15장의 사진은 두 페이지에 걸쳐 종의 특징을 보여주는, 다른 도감에서 찾아보기 힘든 대표적인 사진들로 채웠다. 이때 어떤 종을 펼치더라도 나무의 해당 부분 사진이 같은 자리에 오도록 배치했다. 꽃차례부터 잎, 줄기, 나무의 전체적인 모습 등 사진만 비교해도 쉽게 동정同定할 수 있도록 하기 위함이다.

사진을 크게 싣기 위해 설명하는 글은 사진 위 여백을 활용해 넣었다. 이렇게 함으로써 크기가 다른 다양한 나무 사진을 그에 맞게 넣을 수 있었다. 특히 첫 사진에서는 그 종만의 독특한 특징을 개괄해 그것만 읽어도 헷갈리기 쉬운 다른 종과 쉽게 구별할 수 있도록 했다. 사진 속 나무 모습과 설명이 바로 붙어 있어 직관적 이해에 도움을 주는 것도 이 책의 큰 특징이다. 각 자리의 세부적 쓰임새는 다음과 같다.

00 종의 특징을 보여주는 대표 사진.
01 꽃차례花序 전체 모습.
02 홑성꽃單性花일 때 암꽃의 모습.
03 홑성꽃일 때 수꽃의 모습.
04 암술이나 수술, 꽃받침 등 종의 특징을 나타내는 꽃의 특징 부분을 확대.
05 잎 표면(위)과 잎 뒷면.

06 잎자루葉柄나 턱잎托葉의 모습.
07 겹잎複葉을 이루는 작은 잎小葉 하나 또는 홑잎單葉 하나.
08 잎차례葉序, 작은 잎이 모두 모여 이루는 전체 겹잎의 모습.
09 열매가 달리는 열매차례果序의 전체 모습.
10 열매 하나하나의 모습.

11 씨앗種子.
12 잎의 톱니, 잎맥葉脈, 줄기의 가시, 꽃받침, 겨울눈冬芽 등 그 나무만의 특징적인 모습.
13 햇가지新年枝 또는 어린 가지에 난 털이나 겨울눈.
14 나무껍질樹皮과 함께 나무의 높이 등 형태상의 특징.

수록종과 분류 체계

이 책은 우리나라 산과 들에서 자생하는 나무는 물론 해외에서 들여왔지만 우리 땅에 뿌리를 내린 원예종, 선인장과 다육식물까지 총 1500여 종을 수록해 국내 도감 중 가장 많은 수종을 다루고 있다. 특히 원예종 중에서도 야생에서 얼어 죽지 않고 월동하는 나무들을 포함해 공원이나 수목원, 온실 또는 실내에서 흔히 만날 수 있는 나무들까지 모두 수록하려고 노력했다. 그 가운데는 기존의 나무도감에서 찾아볼 수 없던, 이 책에서 처음으로 소개되는 종도 더러 있다. 나무는 우선 크게 일반 수종과 다육으로 나눈 다음, 다시 과별로 묶어 배열했다. 같은 과에서도 모양이나 색깔이 비슷해 헷갈리기 쉬운 종끼리 모아 가급적 비교·검토하기 쉽도록 배치했다.

각 나무는 과명을 먼저 적은 뒤 찾아보기 쉽도록 번호를 붙이고, 국명과 이명(괄호 표시), 학명을 묶어서 적었다. 학명과 국명은 국립수목원의 '국가표준식물목록'을 따랐으며, 여기에 없는 이름은 북미식물군, 중국식물지FOC, 일본식물지 등을 두루 참고했다. 선인장과 다육식물은 국가표준식물목록을 기본으로 'RSChoi 선인장정원'을 참조해 정리했다.

- 국가표준식물목록 http://www.nature.go.kr/kpni/index.do

- 북미식물군Flora of North America http://www.efloras.org

참고 자료

종에 관한 정보는 『대한식물도감』(이창복, 향문사, 1982)과 국립수목원의 '국가생물종지식정보시스템'의 식물도감 편, 『한국식물검색집』(이상태, 아카데미서적, 1997)을 주로 참고했다. 다만 무궁화는 『무궁화』(송원섭, 세명서관, 2004)를, 선인장과 다육식물은 해외 전문 인터넷 사이트도 함께 참고했다.

- 국가생물종지식정보시스템 http://www.nature.go.kr/

용어의 사용

글은 누구나 어렵지 않게 이해할 수 있게끔 가능하면 쉬운 우리말로 풀어썼다. 전문용어를 쓸 때는 이해를 돕기 위해 사진에 그에 해당하는 부분을 함께 표시했다. 학자마다 다른 용어를 사용하고 있을 때는 일반적으로 두루 쓰이는 용어를 선택했다. 또 한자어 등 다른 이름으로도 자주 쓰이는 말은 제1권 부록에 용어사전을 따로 실어 찾아볼 수 있도록 했다.(용어사전의 양이 많아 제2권부터는 싣지 못했다.) 용어사전은 국립수목원의 '식물용어사전'과 농촌진흥청의 '농업용어사전', 『우리나라 자원식물』(강병화, 한국학술정보, 2012) 등을 참고했다. 용어사전을 먼저 익힌 뒤 도감을 읽어 나가면 시간을 좀 더 절약할 수 있을 것이다.

- 국립수목원 식물용어사전 http://www.nature.go.kr/
- 농촌진흥청 농업용어사전 http://lib.rda.go.kr/newlib/dictN/dictSearch.asp

차례

술모양꽃차례의 길이는
약 4~10센티미터이고,
10~25개의 꽃이 달린다.

매발톱나무

Berberis amurensis
—

매자나무*B. koreana*와 달리 작년 가지는 회황색~회색으로 변한다. 가시의 길이는
약 1~2센티미터로 긴 편이다. 잎은 길이 3~10센티미터, 폭 2~3센티미터 정도
로 약간 큰 편이다. 잎 가에 예리한 바늘 모양의 톱니가 있다. 열매의 길이는 약
10밀리미터로, 길둥근꼴로 길쭉하다.

잎 양면에는
털이 없다.

물열매의 길이는 약 10밀리미터로,
길둥근꼴이다.

열매는 9월에
붉은색으로 익는다.

가시는 다양한 모습으로
모양이 바뀌기도 한다.

꽃의 지름은
약 6~10밀리미터다.

꽃받침조각   꽃잎

꽃잎과 꽃받침조각은
각 6개씩이다.

작은 꽃자루의 길이는
약 5~10밀리미터다.

잎 가에 예리한
바늘 모양의 톱니가
규칙적으로 있다.

규칙적

잎은 길이 3~10센티미터,
폭 2~3센티미터 정도다.

잎은
거꿀달걀꼴이다.

가시의 길이는 약 1~2센티미터이고
보통 세 갈래로 갈라진다.

약 2~3미터
높이로 자라는
갈잎떨기나무다.

작년가지는
회황색~회색으로
변한다.

술모양꽃차례의 길이는
약 3～4센티미터이고
10～20개의 꽃이 달린다.

섬매발톱나무

[섬매자나무]

Berberis amurensis var. quelpaertensis

—

매발톱나무*B. amurensis*에 비해 잎은 길이 1～4센티미터, 폭 1～2센티미터 정도로
작으며 술모양꽃차례는 길이 3～4센티미터 정도로 짧다.

잎 양면에
털이 없다.

물열매의 길이는
약 10밀리미터이며
길둥근꼴이다.

열매는 9월에
붉은색으로
익는다.

씨앗의 길이는
약 8～9밀리미터다.

꽃잎과 꽃받침 잎은
각 6개씩이다.

꽃의 지름은
약 6~10밀리미터다.

작은 꽃자루의 길이는
약 5~10밀리미터다.

잎 가에 예리한
바늘 모양의 톱니가
규칙적으로 있다.

잎은 길이 1~4센티미터,
폭 1~2센티미터 정도다.

잎은
거꿀바소꼴이다.

가시의 길이는
약 1~2센티미터이며
세 갈래로 갈라진다.

약 2미터
높이로 자라는
갈잎떨기나무다.

작년가지는
회황색~회색으로
변한다.

술모양꽃차례의 길이는
약 4~10센티미터이고
10~25개의 꽃이 달린다.

왕매발톱나무

Berberis amurensis var. latifolia

—

매발톱나무*B. amurensis*에 비해 잎은 둥근꼴 또는 달걀 같은 둥근꼴이며 길이
8~10센티미터, 폭 5~7센티미터 정도다.

잎 양면에
털이 없다.

씨앗의 길이는
약 8~9밀리미터다.

열매는 9월
붉은색으로 익는다.

물열매의 길이는 약 10밀리미터로,
긴 길둥근꼴이다.

꽃잎과 꽃받침잎은
각 6개씩이다.

작은 꽃자루의 길이는
약 5~10밀리미터다.

꽃의 지름은
약 6~10밀리미터다.

잎 가에 예리한
바늘 모양의 톱니가
규칙적으로 있다.

잎은 길이 8~10센티미터,
폭 5~7센티미터 정도다.

잎은 둥근꼴~달걀 같은
둥근꼴이다.

가시의 길이는
약 1~2센티미터이며
세 갈래로 갈라진다.

작년가지는
회황색~회색으로
변한다.

약 2~3미터
높이로 자라는
갈잎떨기나무다.

술모양꽃차례의 길이는
약 2~4센티미터다.

매자나무
Berberis koreana
—

작년가지는 붉은색 또는 암갈색으로 변한다. 가시의 길이는 약 5~10밀리미터이며 1~3갈래로 갈라진다. 잎은 길이 3~7센티미터, 폭 2~3센티미터 정도다. 잎가에 안으로 굽은 바늘 모양의 예리한 톱니가 불규칙하게 있다. 술모양꽃차례의 길이는 약 2~4센티미터다. 물열매의 지름은 약 6~7밀리미터이며 공 모양~길둥근꼴이다.

잎 양면에
털이 없다.

물열매의 지름은
약 6~7밀리미터다.

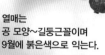

열매는
공 모양~길둥근꼴이며
9월에 붉은색으로 익는다.

씨앗의 길이는
약 4~6밀리미터다.

꽃의 길이는
약 3~4밀리미터다.

꽃잎과 꽃받침조각은 각 6개씩이다.
꽃받침조각 세 개는 길고 세 개는 짧다.

꽃잎

꽃받침조각

씨방에 털이 없다.

작은 꽃자루

작은 꽃자루의
길이는
약 4~6밀리미터다.

톱니가
불규칙하다.

잎 가에 안으로
굽은 바늘 모양의
예리한 톱니가
불규칙하게 있다.

잎은 길이 3~7센티미터,
폭 2~3센티미터 정도다.

잎은 거꿀달걀꼴~길둥근꼴이다.

가시의 길이는
약 5~10밀리미터이며
1~3갈래로 갈라진다.

가시

갈라지지 않는
가시도 있다.

작년가지는
붉은색 또는
암갈색으로 변한다.

약 2미터
높이로 자라는
갈잎떨기나무다.

술모양꽃차례의 길이는
약 3~6센티미터이고,
8~15개의 꽃이 달린다.

당매자나무

Berberis poiretii

—

매자나무와 달리 잎 가에 톱니가 없다. 술모양꽃차례의 길이는 약 3~6센티미터
이고 8~15개의 꽃이 달린다. 물열매의 길이는 약 9~10밀리미터 정도이며 긴 길
둥근꼴~길둥근꼴이다.

잎 양면에
털이 없다.

물열매의 길이는
약 9~10밀리미터다.

열매는 긴 길둥근꼴~길둥근꼴이며
9월에 붉은색으로 익는다.

씨앗의 길이는
약 6~8밀리미터다.

꽃잎과 꽃받침조각은 각 6개씩이며,
꽃받침조각 3개는 길고 3개는 짧다.

꽃의 길이는
3~4밀리미터 정도다.

작은 꽃자루의 길이는
약 3~6밀리미터다.

잎 가에
톱니가 없다.

잎은 길이 4~6센티미터,
폭 20~25밀리미터 정도다.

잎은
거꿀달걀꼴이다.

가시의 길이는
5~10밀리미터
정도이며
1~3갈래로
갈라진다.

작년가지는 붉은색 또는
암갈색으로 변한다.

약 1~2미터 높이
정도로 자라는
갈잎떨기나무다.

당매자나무

우산꽃차례의 길이는
약 1∼2센티미터 정도이고
노란색 꽃 2∼5개가 모여 달린다.

잎 양면에
털이 없다.

일본매자나무

Berberis thunbergii
[Japanese barberry]

—

매자나무*B. koreana*에 비해, 잎 가에 톱니는 거의 없지만, 희미한 톱니가 있기도
하다. 잎은 길이 1∼5센티미터, 폭 5∼12밀리미터 정도다. 우산꽃차례의 길이
는 약 1∼2센티미터이고, 노란색 꽃 2∼5개가 모여 달린다. 물열매의 길이는 약
6∼8밀리미터로, 길둥근꼴이며 10월에 붉은색으로 익는다.

물열매의 길이는
6∼8밀리미터다.

열매는 길둥근꼴이며
10월에 붉은색으로 익는다.

열매차례

꽃잎과 꽃받침조각은
각 6개씩이다.

꽃의 길이는
약 4밀리미터다.

작은 꽃자루의 길이는
약 5~10밀리미터다.

잎 가에 톱니가 거의 없지만
희미한 톱니가 있기도 하다.

잎은 길이 1~5센티미터,
폭 5~12밀리미터 정도다.

잎은
거꿀달걀꼴이다.

가시의 길이는
약 7~10밀리미터다.

약 1~2미터 높이로
자라는 갈잎떨기나무다.

작년가지는 붉은색
또는 암갈색으로 된다.

우산꽃차례의 길이는
약 1~2센티미터이고,
2~5개가 모여 달린다.

자엽일본매자

Berberis thunbergii f. atropurpurea

—

일본매자나무와 달리 봄에 잎이 나올 때부터 가을 잎이 떨어질 때까지 잎의 색
깔은 적자색이다. 꽃잎과 꽃받침조각에 적자색 무늬가 있다.

잎 양면에
털이 없다.

씨앗의 길이는
약 6~8밀리미터다.

물열매의 길이는
약 6~8밀리미터다.

열매는 길둥근꼴이며
10월에 붉은색으로 익는다.

꽃의 길이는
4밀리미터 정도다.

꽃잎과 꽃받침조각은
각 6개씩이다.

꽃잎과 꽃받침조각에
적자색 무늬가 있다.

잎은 길이 1~5센티미터,
폭 5~12밀리미터 정도다.

잎 가에
톱니가 없다.

잎은
거꿀달걀꼴이다.

가시의 길이는
7~10밀리미터 정도다.

작년가지는 붉은색
또는 암갈색으로 된다.

약 0.5~1미터 높이로 자라는
갈잎떨기나무다.

자엽일본매자

술모양꽃차례의 길이는
약 10~15센티미터다.

대만뿔남천

[개남천]

Mahonia japonica

—

남천에 비해 잎은 어긋나게 달리고 작은 잎이 5~8쌍인 1회 깃꼴겹잎이며 작은 잎의 가장자리에 날카로운 톱니가 있다. 열매는 길둥근꼴의 물열매이며 지름이 8밀리미터 정도이고, 6월에 흑자색으로 익는다.

잎 양면에
털이 없다.

길둥근꼴의 물열매는
길이가 약 8밀리미터다.

열매는 6월에
흰 가루로 덮인 흑자색으로 익는다.

톱니는 가시처럼
날카롭다.

암술은 1개,
수술은 6개다.

작은
꽃자루

꽃싸개

꽃의 길이는 약 5~6밀리미터이고
4월에 노란색 꽃이 핀다.

작은 꽃자루의 길이는 약 6~7밀리미터,
꽃싸개는 길이 3~4밀리미터 정도다.

잎 가에 날카로운
톱니가 있다.

작은 잎은 길이 2~3센티미터,
폭 1~2센티미터 정도다.

잎은 어긋나게 달리며 작은 잎이
5~8쌍인 1회 깃꼴겹잎이다.

어린 가지에는
털이 없다.

약 1~3미터
높이로 자라는
늘푸른떨기나무다.
나무껍질은
코르크질이다.

가을 단풍

대만뿔남천

원뿔꽃차례의 길이는
약 20~35센티미터다.

남천

[남천죽]

Nandina domestica

—

잎은 어긋나게 달리며 겹잎의 길이는 약 30~50센티미터로, 3회 깃꼴겹잎이다.
잎줄기에 마디가 있고 잎자루 아래쪽은 줄기를 둘러싼다. 원뿔꽃차례의 길이는
약 20~35센티미터. 쌍성꽃의 지름은 약 6~7밀리미터이고 6월에 흰색 꽃이
핀다. 열매는 공 모양의 물열매이며 지름은 약 6~8밀리미터다.

잎은 가죽질이고
작은 잎은 바소꼴이다.

열매는 공 모양의 물열매이며
지름이 약 6~8밀리미터다.

씨앗의 지름은 약 5~6밀리미터다.

열매는 10월에
붉은색으로 익는다.

쌍성꽃의 지름은 약 6~7밀리미터이고 6월에 흰색 꽃이 핀다.

꽃밥

꽃잎과 수술은 6개씩이며 수술대는 아주 짧다

암술은 한 개이고 씨방에 털이 없다.

잎자루 아래쪽은 줄기를 둘러싼다.

작은 잎은 길이 3~10센티미터, 폭 1~3센티미터 정도다.

3회 깃꼴겹잎의 길이는 약 30~50센티미터다.

잎줄기에 마디가 있다.

겨울철 줄기는 붉게 변한다.

약 1~3미터 높이로 자라 늘푸른떨기나무다.

암수한그루이며 4~8개의
꽃이 모여 술모양꽃차례를 이룬다.

여덟잎으름

[팔손으름덩굴 · 개으름]

Akebia quinata f. polyphylla

—

으름덩굴*A. quinata*에 비해 작은 잎의 숫자가 6~9개로 많다. 암꽃의 암술은 6~9
개로 많은 편이다.

잎 양면에
털이 없다.

물열매의 길이는
약 6~10센티미터다.

열매는 10월에 갈색으로
익어서 세로로 벌어진다.

수꽃에는 암술의 흔적이 있다.

암술

수술

꽃받침조각

수꽃에는
6~9개의
수술이 있다.

암꽃의 지름은
약 25~30밀리미터다.

암꽃의 암술은
6~9개다.

잎은 어긋나게 달리며
작은 잎은 6~9개다.

잎 끝은
오목하다.

작은 잎은 길이 3~6센티미터,
폭 15~25밀리미터 정도다.

잎 끝에 잎맥의 연장인
바늘 모양의 돌기가 있다.

돌기

어린 가지에는
털이 없고
껍질눈이 있다.

줄기의 길이가
5미터 정도 자라는
갈잎덩굴나무다.

여덟잎으름

수꽃

암꽃

암수한그루이며,
4~8개의 꽃이 모여
술모양꽃차례를 이룬다.

잎 양면에
털이 없다.

으름덩굴

[목통]

Akebia quinata

—

잎은 어긋나게 달리며, 작은 잎이 5개인 손바닥 모양 겹잎이다. 암꽃의 지름은 약 25~30밀리미터이며 6개의 암술이 있다. 꽃잎은 없으며, 3개의 꽃받침조각이 있다. 물열매의 길이는 약 6~10센티미터다. 열매는 10월에 갈색으로 익어서 세로로 벌어진다. 검은색 씨앗의 한 쪽에 흰색의 열매살이 붙어 있다.

물열매의 길이는
약 6~10센티미터다.

열매는 10월에 갈색으로
익으며 세로로 벌어진다.

검은색 씨앗의 한 쪽에
흰색의 열매살이 붙어 있다.

열매살

수술

꽃받침조각

수꽃은 6개의
수술이 있다.

암꽃의 지름은
약 25~30밀리미터다.

암꽃에는 6개의
암술이 있다.

암술

꽃받침조각

잎 끝은 오목하다.

끝이 오목하다.

작은 잎은 길이 3~6센티미터,
폭 15~25밀리미터 정도다.

잎은 어긋나게 달리며
작은 잎이 5개인
손바닥 모양 겹잎掌狀復葉이다.

수꽃에는 암술의
흔적이 있다.

암술의 흔적

줄기에
껍질눈이 있다.

줄기의 길이가
5미터 정도 자라는
갈잎덩굴나무다.

으름덩굴

암수한그루이며 술모양꽃차례의
길이는 약 3~5센티미터다.

멀꿀

[멀꿀나무]

Stauntonia hexaphylla

—

작은 잎이 3~7개인 손바닥 모양 겹잎이다. 암수한그루이며 술모양꽃차례의 길
이는 약 3~5센티미터다. 겉꽃덮이조각 안쪽에는 흔히 자주색 줄무늬가 있다. 물
열매의 길이는 약 5~8센티미터이며, 으름과 달리 익어도 벌어지지 않는다.

잎 양면에
털이 없다.

물열매의 길이는
약 5~8센티미터다.

씨앗의 길이는
약 6~9밀리미터다.

으름과 달리, 열매는 익어도
벌어지지 않는다.

겉꽃덮이 속꽃덮이

꽃덮이조각은 6개이며, 겉꽃덮이조각 3개는
바소꼴이고 속꽃덮이조각 3개는 줄꼴이다.
겉꽃덮이조각 안쪽에는
흔히 자주색 줄무늬가 있다.

암꽃 수꽃

암꽃에는 3개의
암술이 있다.

작은 잎의 끝은
뾰족하다.

뾰족하다.

작은 잎은 길이 6~10센티미터,
폭 2~4센티미터 정도다.

잎은 어긋나게 달리고 작은 잎이
3~7개인 손바닥 모양 겹잎이다.

수꽃의 수술은 6개다.

수술

어린 줄기에는
털이 없다.

줄기의 길이가
15미터 정도 자라는
늘푸른덩굴나무다.

암수딴그루이며
5~6월에 황백색 꽃이 핀다.

잎 양면에 잔털이 촘촘하다.

댕댕이덩굴

[꿋비돗초 · 댕강덩굴]

Cocculus trilobus

—

잎은 어긋나게 달리고 긴 길둥근꼴이지만 간혹 세 갈래로 갈라지기도 한다. 암수딴그루이며 5~6월에 황백색 꽃이 핀다. 수꽃의 꽃잎과 수술은 6개씩이며 암꽃에는 헛수술 6개와 심피 6개가 있다. 굳은씨열매의 지름은 약 6~8밀리미터이며 흰 가루로 덮여있고 10월에 포도색으로 익는다. 씨앗의 지름은 약 4밀리미터이며 고리 모양 주름이 있다.

굳은씨열매는 지름이
6~8밀리미터 정도이다.

열매는 흰 가루로 덮여있고
10월에 포도색으로 익는다.

달팽이 모양의 씨앗은 지름이
4밀리미터 정도이며
고리 모양 주름이 있다.

고리 모양 주름

수술

수꽃의 꽃잎과
수술은 6개씩이며
꽃받침조각은 3개다.

꽃받침조각 꽃잎

심피

암꽃에는 헛수술 6개와
심피 6개가 있다.

암술대 심피

암술대는 둥근기둥꼴이며
갈라지지 않는다.

잎자루의 길이는
약 1~3센티미터이고
털이 있다.

잎은 길이 5~12센티미터,
폭 5~10센티미터 정도다.

잎은 어긋나게 달리고
긴 길둥근꼴이지만,
간혹 세 갈래로 갈라지기도 한다.

잎자루는
잎 밑에 붙는다.

줄기에
털이 많다.

줄기의 길이가 3미터 정도
자라는 갈잎덩굴나무다.

잎 밑

암수딴그루이며 원뿔꽃차례의
길이는 약 2~7센티미터다.

잎 양면에 털이 없다.

새모래덩굴

Menispermum dauricum

—

잎은 3~7각이 지거나 밋밋하며 방패 모양이다. 잎자루는 잎 밑에서 약간 안쪽에 위치한다. 암수딴그루이며 원뿔꽃차례의 길이는 2~7센티미터 정도로 잎 길이보다 짧다. 암꽃의 심피는 3개이고 암술머리는 세 갈래로 갈라진다. 열매의 지름은 약 10~15밀리미터이고 깊은 홈이 있다. 씨앗은 말굽 모양이며 뚜렷한 돌기가 있다.

굳은씨열매에
깊은 홈이 있다.

홈

열매의 지름은
약 10~15밀리미터다.

돌기

씨앗은 말굽 모양이며
뚜렷한 돌기가 있다.

수꽃의 꽃잎은 6~10개,
수술은 12~28개 정도다.

암꽃차례

꽃차례의 모양
새모래덩굴: 원뿔꽃차례
함박이: 겹우산꽃차례

암술머리

수술

심피

암꽃의 심피는 세 개이고
암술머리는 두 갈래로 갈라진다.

잎자루의 길이는 약 3~10밀리미터이며,
잎 밑에서 약간 안쪽에 위치한다.

잎 밑

잎의 길이는 약 5~13센티미터이며

결각이 둔하다.

잎은 어긋나게 달리고
3~7각이 지거나 밋밋하며
방패 모양이다.

암꽃차례

줄기는 다른 물체를 감고
옆으로 길게 자란다.

줄기의 길이가
약 1~3미터 정도 자라는
갈잎덩굴나무다.

털새모래덩굴

[털모래덩굴]

Menispermum dauricum f. pilosum

—

새모래덩굴*M. dauricum*과 비슷하지만 잎 뒷면 맥 위와 잎자루 위쪽에 털이 있으며, 잎에는 뚜렷한 결각이 있다.

수꽃차례

암수한그루이며 원뿔꽃차례의 길이는 약 2~7센티미터다.

잎자루

잎 뒷면 맥 위와 잎자루 위쪽에 털이 있다.

굳은씨열매의 지름은 약 10~15밀리미터다.

열매에 깊은 홈이 있다.

홈이 있다.

씨앗은 말굽 모양이며 뚜렷한 돌기가 있다.

돌기

수꽃의 꽃잎은 6~10개,
수술은 12~28개 정도다.

암꽃차례

5월에 연한 황백색 꽃이 핀다.

암꽃의 심피는 3개이고
암술머리는 세 갈래로 갈라진다.

암술머리

심피

꽃잎

잎자루

잎자루의 길이는 약 3~10센티미터이며,
잎 밑에서 약간 안쪽에 위치한다.

결각이
뚜렷하다.

잎의 길이는 약 5~13센티미터이며
새모래덩굴에 비해 결각이 뚜렷하다.

잎은 어긋나게 달리며,
3~7개의 결각이 뚜렷하고
방패 모양이다.

암꽃

줄기는 다른
물체를 감고
기어오르면서
길게 자란다.

줄기의 길이가
1~3미터
정도 자라는
갈잎덩굴나무다.

털새모래덩굴

겹우산꽃차례의 길이는
약 4~8센티미터다.

함박이

[함박이덩굴 · 천근등]

Stephania japonica

—

잎은 길이 6~14센티미터, 폭 5~12센티미터 정도의 방패 모양이다. 잎자루는 잎
밑에서 약간 안쪽에 위치한다. 겹우산꽃차례의 길이는 약 4~8센티미터. 수술
은 6개이지만 서로 붙어있는 원반 모양이다. 꽃받침조각은 6~8개, 꽃잎은 3~4
개다. 굳은씨열매의 지름은 6밀리미터 정도이며 10~11월에 주홍색으로 익는다.

잎 양면에
털이 없다.

덩굴성

잎맥

수꽃차례

암수딴그루이며 6～7월에
연한 초록색의 꽃이 핀다.

꽃받침조각은 6～8개,
꽃잎은 3～4장이다.

꽃받침조각

수술

꽃잎

수술은 6개이지만,
서로 붙어있는 원반 모양이다.

잎자루의 길이는 약 3～12센티미터이며,
잎 밑에서 약간 안쪽에 위치한다.

잎은 길이 6～14센티미터,
폭 5～12센티미터
정도의 방패 모양이다.

잎은 어긋나게 달리고
삼각 형태의 달걀꼴～둥근꼴이다.

수술

꽃받침조각

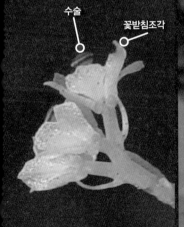

어린 줄기에는
털이 없다.

늘푸른덩굴나무이며
다른 물체를 감고
기어오르면서
길게 자란다.

암수딴그루이며,
6~7월에 황록색 꽃이 핀다.

후추등

[바람등칡·풍등덩굴]

Piper kadsura

—

줄기에 고리마디(환절)가 있고 공기뿌리가 발생하여 다른 나무나 바위에 붙어 자
란다. 수꽃차례의 길이는 약 2~10센티미터다. 꽃에는 꽃잎과 꽃받침이 없다. 암
꽃차례의 길이는 약 2~4센티미터이고, 암술머리는 3~4갈래로 갈라진다. 굵은
씨열매의 지름은 4~5밀리미터 정도이며, 10~12월에 붉은색으로 익는다.

잎 뒷면 맥 위에
털이 있다.

잎은 염통꼴이다.

꽃에는 꽃잎과
꽃받침이 없다.

꽃자루는 잎자루와
길이가 비슷하다.

잎자루

꽃자루

이삭꽃차례穗狀花序의 길이는 약 2~10센티미터다.

암술머리는 3~4갈래로 갈라진다.

암꽃차례의 길이는 약 2~4센티미터다.

잎에는 나란히맥이 뚜렷하다.

잎의 길이는 약 6~10센티미터다.

잎은 어긋나게 달리고 넓은 달걀꼴~염통꼴이다.

줄기에서 공기뿌리가 발생하여, 나무나 바위에 붙어 자란다.

줄기에 고리마디(환절)가 있으며 공기뿌리가 발생한다.

고리마디

공기뿌리

공기뿌리

줄기의 길이가 약 4미터 자라는 늘푸른덩굴나무다.

쌍성꽃은 잎겨드랑이에
1~2개씩 황록색으로 달린다.

등칡
[큰쥐방울 · 긴쥐방울 · 등칙 · 칡향]

Aristolochia manshuriensis
—
줄기는 잘게 갈라지고 회갈색이며, 코르크가 발달한다. 잎의 길이는 약 20~30
센티미터다. 쌍성꽃은 잎겨드랑이에 1~2개씩 황록색으로 달린다. 꽃의 길이는
10센티미터 정도이며, U자형으로 꼬부라진다. 튀는열매에는 6개의 능선이 있으
며, 길이 9~11센티미터, 지름 3센티미터 정도이고 9~10월에 익는다.

어린잎에 털이 있으나 점차 없어진다.

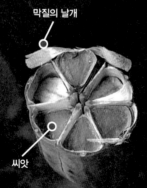

튀는열매의 길이는
9~11센티미터 정도다.

열매의 횡단면

막질의 날개

씨앗

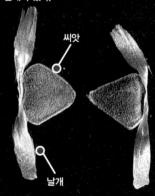

씨앗에 막질의
날개가 있다.

씨앗

날개

꽃의 길이는 10센티미터 정도이며, U자형으로 꼬부라진다.

수술

꽃부리 통부

꽃밥

꽃밥의 길이는 약 2밀리미터다.

4월의 어린 잎

잎은 어긋나게 달리고 둥근 염통꼴이다.

잎의 길이는 약 20~30센티미터다.

어린 줄기의 털은 곧 없어진다.

줄기는 잘게 갈라지고 회갈색이며 코르크가 발달한다.

줄기의 길이가 10미터 정도 자라는 갈잎덩굴나무다.

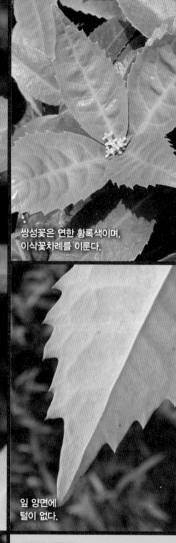

쌍성꽃은 연한 황록색이며,
이삭꽃차례를 이룬다.

죽절초

[죽절나무]

Sarcandra glabra

—

어린 가지에는 털이 없고 마디가 부푼다. 쌍성꽃은 연한 황록색이며 꽃잎과 꽃받침이 없다. 수술과 암술은 1개씩이며 수술은 씨방 중간에 달린다. 암술머리는 끝이 뭉뚝하다. 굳은씨열매의 지름은 약 5~7밀리미터이고, 붉은색으로 익는다.

잎 양면에
털이 없다.

열매는 10~11월에
붉은색으로 익는다.

굳은씨열매의 지름은
약 5~7밀리미터다.

씨앗의 지름은
3~4밀리미터 정도다.

수술과 암술은 1개씩이며
수술은 씨방 중간에 달린다.
암술머리는 끝이 뭉뚝하다.

암술머리

수술대

꽃밥

씨방

꽃잎과 꽃받침이 없다.

잎은 마주 달리고
긴 길둥근꼴이며 끝이 뾰족하다.

잎자루의 길이는
약 1~2센티미터이며 털이 없다.

잎은 길이 10~20센티미터,
폭 4~6센티미터 정도다.

어린잎

어린 가지에는 털이 없고
마디가 부푼다.

마디가 부푼다.

약 50~150센티미터
높이로 자라는
늘푸른버금떨기나무常綠亞灌木다.

꽃은 잎겨드랑이에 달리며
1~7개의 꽃이 모여 달린다.

잎줄겨드랑이

다래
[다래나무 · 청다래넌출 · 다래넝쿨]

Actinidia arguta

—
잎 표면에 털이 없고, 뒷면 잎줄겨드랑이에 털이 촘촘하다. 수꽃의 암술은 퇴화
하고 꽃밥은 검은색이다. 씨방은 호리병 모양이고 씨방에 털이 없다. 물열매의 길
이는 약 20~25밀리미터이고 9월에 녹황색으로 익는다.

잎 표면에 털이 없고,
뒷면 잎줄겨드랑이에 털이 촘촘하다.

물열매의 길이는
약 20~25밀리미터다.

씨앗의 길이는
약 3밀리미터다.

열매는 9월에
녹황색으로 익는다.

수꽃의 암술은 퇴화하고
꽃밥은 검은색이다.

암꽃

꽃의 지름은
약 15~20밀리미터다.

씨방

암술머리

씨방은 호리병 모양이며
털이 없다.

잎은 길이 6~12센티미터,
폭 5~10센티미터 정도다.

잎 가에
바늘 모양의
톱니가 있다.

잎은 어긋나게 달리고
넓은 달걀꼴~길둥근꼴이다.

줄기 골속은
계단 모양이다.

어린 가지에
껍질눈이 있다.

줄기의 길이가
10~20미터 정도 자라는
갈잎덩굴나무다.

다래

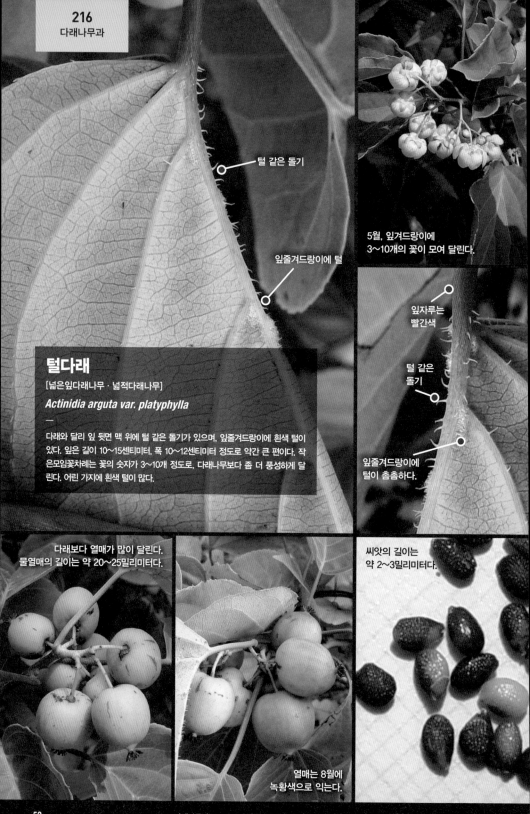

털 같은 돌기

잎줄겨드랑이에 털

5월, 잎겨드랑이에
3~10개의 꽃이 모여 달린다.

잎자루는
빨간색

털 같은
돌기

잎줄겨드랑이에
털이 촘촘하다.

털다래

[넓은잎다래나무 · 넓적다래나무]

Actinidia arguta var. platyphylla

—

다래와 달리 잎 뒷면 맥 위에 털 같은 돌기가 있으며, 잎줄겨드랑이에 흰색 털이
있다. 잎은 길이 10~15센티미터, 폭 10~12센티미터 정도로 약간 큰 편이다. 작
은모임꽃차례는 꽃의 숫자가 3~10개 정도로, 다래나무보다 좀 더 풍성하게 달
린다. 어린 가지에 흰색 털이 많다.

다래보다 열매가 많이 달린다.
물열매의 길이는 약 20~25밀리미터다.

씨앗의 길이는
약 2~3밀리미터다.

열매는 8월에
녹황색으로 익는다.

수꽃의 암술은 퇴화하고
꽃밥은 검은색이다.

암꽃

꽃의 지름은
약 15〜20밀리미터다.

씨방은 털이 없고
호리병 모양이다.

암술머리

암술대

씨방

잎 가에
바늘 모양의
톱니가 있다.

잎은 길이 10〜15센티미터,
폭 10〜12센티미터 정도다.

잎은 어긋나게 달리고
넓은 달걀꼴〜길둥근꼴이다.

줄기 골속은
계단 모양이다.

어린 줄기에
흰색 털이 촘촘하다.

줄기의 길이가
10〜20미터
정도 자라는
갈잎덩굴나무다.

개다래

[쉬젓가래 · 묵다래나무 · 말다래]

Actinidia polygama

—

다래와 달리 꽃이 필 무렵, 잎은 흰색이거나 흰색 무늬가 생긴다. 줄기 골속은 흰색이며 계단상이 아니고 꽉 차 있다. 수술의 꽃밥은 노란색이다. 열매의 끝은 뾰족하다.

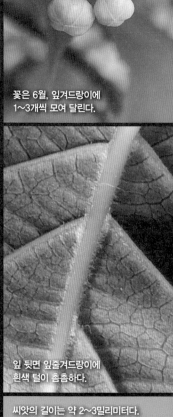

꽃은 6월, 잎겨드랑이에
1~3개씩 모여 달린다.

잎 뒷면 잎줄겨드랑이에
흰색 털이 촘촘하다.

열매는 10월에
노란색으로 익는다.

씨앗

뾰족

물열매의 길이는
약 2~3센티미터이고
열매의 끝은 뾰족하다.

씨앗의 길이는 약 2~3밀리미터다.

꽃의 지름은
약 15~20밀리미터다.

작은꽃자루의 길이는 약 6~8밀리미터이고,
씨방에 털이 없다.

꽃밥은
노란색이다.

잎 가에 잔 톱니가 있다.

잎은 길이 8~14센티미터,
폭 4~8센티미터 정도다.

잎은 어긋나게 달리고
넓은 달걀꼴이다.

줄기 골속은 꽉 차 있다.

줄기 골속은 흰색이며
계단상이 아니고
꽉 차 있다.

어린 줄기에는
털이 거의 없다.

줄기의 길이가
5~10미터 정도
자라는 칼잎덩굴나무다.

개다래

꽃은 5월
햇가지에 달린다.

잎 양면 맥 위에 흰색 털이 있다.

쥐다래

[쉬젓가래 · 쇠젓다래 · 넓은잎다래나무]

Actinidia kolomikta
—

다래와 달리 꽃이 달리는 가지의 잎에 연한 붉은빛 무늬가 있는 것도 있다. 줄기
골속은 갈색의 계단 모양이다. 열매는 넓은 길둥근꼴이다.

물열매의 길이는 20~25밀리미터
정도이고 넓은 길둥근꼴이다.

잎 가에
잔 톱니가 있다.

열매는 9월
녹황색으로 익는다

꽃의 지름은
15~20밀리미터 정도다.

작은꽃자루의 길이는
8~12밀리미터 정도다.

꽃밥은 노란색이고
씨방에 털이 없다.

잎자루의 길이는
2.5~5센티미터 정도다.

잎의 길이는 10~12센티미터,
폭 4~8센티미터 정도다.

잎은 어긋나게 달리고
넓은 달걀꼴이다.

줄기 골속은
갈색의
계단모양이다.

어린 가지에 털이 있다.

줄기 길이가
5미터 정도 자라는
갈잎덩굴나무다.

쌍성꽃은 잎겨드랑이 또는
가지 끝에 1개씩 달린다.

동백나무

[뜰동백나무]

Camellia japonica

—

어린 가지와 잎 양면에는 털이 없다. 잎자루의 길이는 약 5〜10밀리미터이고 털
이 없다. 꽃잎은 5〜7개이고 밑 부분이 붙어 있다. 수술은 약 90〜100개이고 아
래쪽이 서로 붙어있다. 씨방에 털이 없다.

잎 양면에
털이 없다.

튀는열매의 지름은
3〜4센티미터 정도다.

열매는 3실이며 3〜9개의
씨앗이 들어 있다.

씨앗의 길이는
약 15〜20밀리미터다.

꽃잎의 길이는
약 3~5센티미터다.

수술은 서로
붙어 있다.

수술은 약 90~100개이고
아래쪽이 서로 붙어 있다.

씨방에
털이 없다.

씨방

잎자루의 길이는
약 5~10밀리미터이고
털이 없다.

잎은 길이 5~10센티미터,
폭 3~6센티미터 정도다.

잎은 어긋나게 달리고
길둥근꼴~달걀 같은 길둥근꼴이다.

열매자루가
거의 없다.

어린 가지에는
털이 없다.

약 2~7미터
높이로 자라는
늘푸른작은키나무다.

꽃은 11월에 흰색으로
1~3개씩 모여 달린다.

차나무
Camellia sinensis
—
어린 가지에 털이 촘촘하다. 꽃은 11월에 흰색으로 1~3개씩 모여 달리며 꽃의
지름은 약 3~5센티미터다. 암술대는 세 갈래로 갈라지고 씨방에 털이 촘촘하다.
열매는 튀는열매이며 지름이 약 15~20밀리미터다.

잎 양면에는 털이 없고
뒷면 중심맥은 도드라진다.

열매는 튀는열매이며
지름이 약 15~20밀리미터다.

열매는 다음 해 9월에 갈색으로 익으며
씨앗은 세 개씩 들어있다.

씨앗의 길이는
약 10밀리미터다.

꽃의 지름은
약 3~5센티미터다.

수술대는 서로 떨어져 있으며,
길이는 약 8~13밀리미터다.

암술대

씨방

씨방에 털이
촘촘하다.

잎은 길이 5~14센티미터,
폭 3~7센티미터 정도다.

잎 가에 안으로
굽은 톱니가 있다.

잎은 어긋나게 달리고
바소 모양의 길둥근꼴이다.

꽃은
늦가을에 핀다.

어린 가지에는
털이 촘촘하다.

약 1~5미터
높이로 자라는
늘푸른떨기나무다.

쌍성꽃은 1~3개씩 모여
아래를 향해 핀다.

비쭈기나무

[빗죽이나무 · 빗죽나무]

Cleyera japonica

—

어린 가지에 털이 없고, 겨울눈에 비늘 조각이 없으며, 겨울눈은 새의 발톱 모양
이다. 꽃은 흰색 쌍성꽃이며 7월에 1~3개씩 모여 핀다. 꽃의 지름은 약 12~15
밀리미터이며 꽃밭에 가시 같은 털이 있다. 열매는 달걀꼴이고 길이가 약 8~10
밀리미터이며, 10월에 검은색으로 익는다.

잎 양면에 털이 없고
뒷면은 황록색이다.

씨앗의 길이는 약 2밀리미터다.

3월, 새잎이 나오는 모습

물열매는 달걀꼴이며 길이는
약 8~10밀리미터이고
10월에 검은색으로 익는다.

꽃밥에
가시 같은
털이 있다.

꽃의 지름은
약 12~15밀리미터다.

수술은 20~35개 정도이며,
암술머리는 두 갈래로 갈라진다.

잎자루의 길이는
약 5~10밀리미터다.

잎은 어긋나게 달리며
길둥근꼴이다.

잎은 길이 4~9센티미터,
폭 3~4센티미터 정도다.

겨울눈에 비늘조각이 없으며,
겨울눈은 새의 발톱 모양이다.

겨울눈

약 2~10미터
높이로 자라는
늘푸른작은키나무다.

어린 가지에는
털이 없다.

암꽃

암수딴그루이며 4월에
연한 녹백색 꽃이 아래를 향해 핀다.

잎 양면에
털이 없다.

사스레피
[무치러기나무 · 세푸랑나무 · 가새목]

Eurya japonica

—

어린 가지에는 털이 없다. 잎은 길이 3~7센티미터, 폭 2~3센티미터 정도다. 잎
가는 뒤로 말리지 않고 둔한 톱니가 있다. 암수딴그루이며 4월에 연한 녹백색 꽃
이 아래를 향해 핀다. 암꽃의 수술은 퇴화하며 암술머리는 세 갈래로 갈라진다.
굵은씨열매는 지름이 약 5~6밀리미터이며, 10월에 검은색으로 익는다.

열매는 10월에
검은색으로 익는다.

물열매는 지름이
약 5~6밀리미터다.

씨앗의 길이는
약 2밀리미터다.

암꽃의 수술은 퇴화하며,
암술머리는 세 갈래로 갈라진다.

수꽃

꽃의 지름은
약 5~6밀리미터다.

수꽃의 수술은
12~15개다.

잎 가는 뒤로 말리지 않으며
둔한 톱니가 있다.

잎은 길이 3~7센티미터,
폭 2~3센티미터 정도다.

잎은 어긋나게 달리고
긴 길둥근꼴이다.

어린 가지에
털이 없다.

약 1~3미터
높이로 자라는
늘푸른떨기나무다.

잎은 어긋나게 달린다.

어린 가지에 털
사스레피: 없다.
우묵사스레피: 있다.

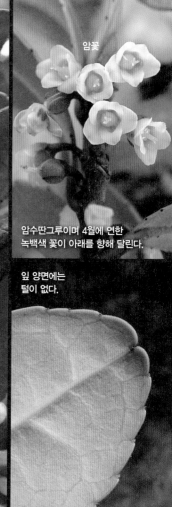

암꽃

암수딴그루이며 4월에 연한
녹백색 꽃이 아래를 향해 달린다.

잎 양면에는
털이 없다.

우묵사스레피

[섬쥐똥나무 · 갯쥐똥나무]

Eurya emarginata

—

사스레피와 달리 줄기에 황갈색 털이 촘촘하다. 잎의 가장자리는 뒤로 말린다.

열매는 10월에
검은색으로 익는다.

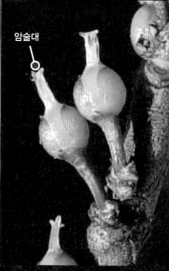

암술대

물열매의 지름은
약 3~4밀리미터다.

암꽃의 수술은 퇴화하며
암술머리는 세 갈래로 갈라진다.

수꽃

꽃의 지름은
약 5~6밀리미터다.

수꽃의 수술은
15~20개 정도다.

뒤로
말린다.

잎 가는 뒤로 말리며
둔한 톱니가 있다.

잎은 길이 2~4센티미터.
폭 1~2센티미터 정도다.

잎은 어긋나게 달리고
거꿀달걀꼴이다.

잎은 어긋나게 달린다.

어린 가지에 황갈색
털이 촘촘하다.

약 2~3미터
높이로 자라는
늘푸른떨기나무다.

어린 가지에 털
사스레피: 없다.
우묵사스레피: 있다.

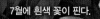
7월에 흰색 꽃이 핀다.

잎 표면에 비단털은 점차 없어지고
뒷면에 털이 있다.

노각나무

[노가지나무 · 비단나무]

Stewartia Koreana

—

잎은 길이 4~10센티미터, 폭 2~5센티미터 정도다. 7월에 흰색 꽃이 핀다. 꽃의 지름은 약 5~6센티미터이고 꽃자루의 길이는 약 15~20밀리미터다. 암술머리는 다섯 갈래로 갈라지며, 씨방에 비단털이 있다. 열매는 튀는열매이며 길이는 20~22밀리미터 정도다. 열매는 10월에 적갈색으로 익는다.

열매는 10월에 적갈색으로 익는다.

튀는열매의 길이는
약 20~22밀리미터다.

씨앗의 길이는
약 6~8밀리미터다.

꽃의 지름은
약 5~6센티미터다.

수술은 다수이며
5개의
다발로 구성된다.

암술머리는 다섯 갈래로 갈라지며,
씨방에 비단털이 있다.

암술머리

씨방

가을 단풍

잎은 길이 4~10센티미터,
폭 2~5센티미터 정도다.

잎은 어긋나게 달리고
길둥근꼴이다.

꽃받침조각

꽃자루

꽃받침조각에 융털이 있고
꽃자루에 털이 없다.

어린 가지에는
약간의 털이 있다.

약 7~15미터
높이로 자라는
갈잎큰키나무다.

노각나무

꽃은 7월에 황백색으로
아래를 향해 핀다.

잎 양면에
털이 없다.

후피향나무

Ternstroemia gymnanthera

—

잎자루의 길이는 약 2~8밀리미터이며 붉은색이다. 꽃은 7월에 황백색으로 아래
를 향해 피며 지름은 약 15~18밀리미터다. 꽃자루의 길이는 10~15밀리미터 정
도이며 아래로 휜다. 열매가 익으면 열매껍질은 불규칙하게 갈라진다. 씨앗의 길
이는 약 6~7밀리미터이며 붉은색 씨앗껍질에 싸여있다.

튀는열매의 길이는
약 12~15밀리미터다.

열매가 익으면 열매껍질은
불규칙하게 갈라진다.

열매껍질

열매껍질 속 붉은색 씨앗껍질에
싸여있는 씨앗

꽃의 지름은
약 15~18밀리미터다.

꽃자루의 길이는
약 10~15밀리미터이며 아래로 휜다.

암술머리는 두 개이며
씨방은 2실이다.

수술

씨방

꽃받침

잎자루의 길이는
약 2~8밀리미터이며
붉은색이다.

잎은 길이 4~7센티미터,
폭 15~25밀리미터 정도다.

잎은 어긋나게 달리고
새잎은 붉은 홍색이다.

씨앗의 길이는 약 6~7밀리미터이며
붉은색 씨앗껍질에 싸여 있다.

씨앗

씨앗껍질

어린 가지에는
털이 없다.

약 7~10미터
높이로 자라는
늘푸른작은키나무다.

후피향나무

꽃은 7~8월에 노란색으로 피며
작은모임꽃차례를 이룬다.

잎 가장자리는
뒤로 말린다.

갈퀴망종화

Hypericum galioides

—

어린 가지에 능선이 있고 털이 없다. 잎은 마주 달리고 줄 모양의 긴 길둥근꼴이
다. 잎 끝은 뾰족하며, 잎 가장자리는 뒤로 말린다. 꽃의 지름은 약 10~15밀리미
터다. 꽃받침조각은 잎처럼 보이지만 잎보다 짧고 털이 없다. 튀는열매의 길이는
약 5~6밀리미터이고 긴 달걀꼴이다.

씨앗은
둥근기둥꼴이다.

튀는열매는
긴 달걀꼴이며
10월에 익는다.

튀는열매의 길이는
약 5~6밀리미터다.

꽃의 지름은
10~15밀리미터 정도다.

수술은 다수이며,
수술대는 서로 떨어져 있다.

씨방은
3~4실이다.

씨방 —○

꽃받침조각

돌기

잎 끝에 중심맥의
연장인 뾰족한 돌기가 있다.

잎은 길이 1~5센티미터,
폭 4~5밀리미터 정도다.

잎은 마주 달리고
줄 모양의 긴길둥근꼴이다.

꽃받침
조각

어린 가지에
능선이 있고
털이 없다.

약 1~2미터
높이로 자라는
갈잎떨기나무다.

5~9월, 가지 끝에 1~5개의
노란색 꽃이 핀다.

망종화

[금사매 · 운남연교]

Hypericum patulum

—

잎의 길이는 2~6센티미터, 폭 1~3센티미터 정도다. 잎은 버금마주달리고 달걀
같은 긴 길둥근꼴이다. 5~9월, 가지 끝에 1~5개의 노란색 꽃이 핀다. 꽃의 지름
은 약 3~5센티미터다. 수술은 50~70개 정도이고 꽃잎보다 길이가 짧다. 튀는
열매는 10~11월에 익고, 길이가 약 8~11밀리미터이며, 다섯 갈래로 갈라진다.

잎자루가 없으며
잎 양면에 털이 없다.

튀는열매는
10~11월에 익는다.

열매의 길이는 약 8~11밀리미터이며
다섯 갈래로 갈라진다.

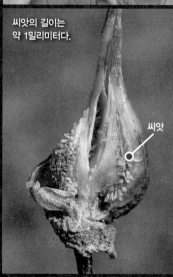

씨앗의 길이는
약 1밀리미터다.

씨앗

꽃의 지름은
약 3~5센티미터다.

수술은 50~70개 정도이고,
꽃잎보다 길이가 짧다.

암술대는 다섯 갈래로 갈라지며
씨방에 털이 없다.

잎은 거의
마주 달린다.

잎은 길이 2~6센티미터,
폭 1~3센티미터 정도다.

잎은 버금마주달리고
달걀 같은 긴 길둥근꼴이다.

꽃봉오리

어린 가지에는
털이 없다.

약 30~150센티미터
높이로 자라는
반늘푸른떨기나무半常綠灌木다.

망종화

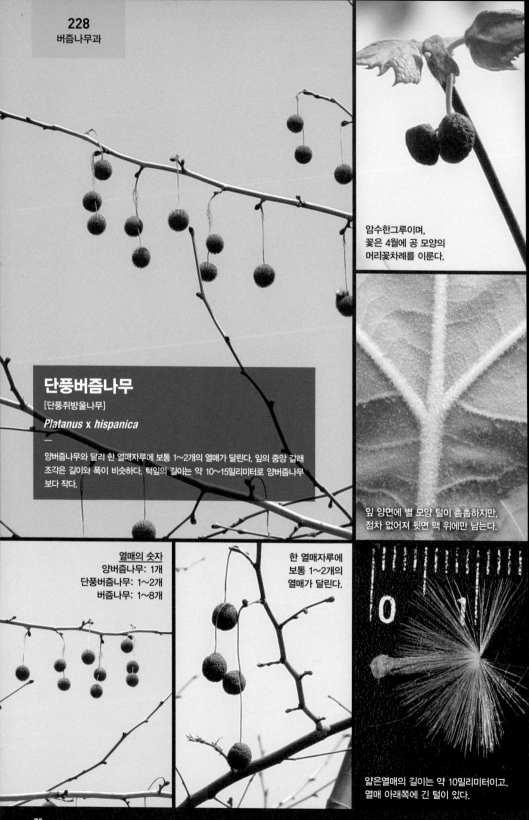

암수한그루이며,
꽃은 4월에 공 모양의
머리꽃차례를 이룬다.

단풍버즘나무

[단풍쥐방울나무]

Platanus x *hispanica*

—

양버즘나무와 달리 한 열매자루에 보통 1~2개의 열매가 달린다. 잎의 중앙 갈래
조각은 길이와 폭이 비슷하다. 턱잎의 길이는 약 10~15밀리미터로 양버즘나무
보다 작다.

잎 양면에 별 모양 털이 촘촘하지만,
점차 없어져 뒷면 맥 위에만 남는다.

열매의 숫자
양버즘나무: 1개
단풍버즘나무: 1~2개
버즘나무: 1~8개

한 열매자루에
보통 1~2개의
열매가 달린다.

얇은열매의 길이는 약 10밀리미터이고,
열매 아래쪽에 긴 털이 있다.

수꽃차례는
연한 녹색이다.

암꽃차례는 검은 빛이
도는 붉은색이다.

수꽃차례

<u>턱잎의 길이</u>
양버즘나무: 20~30밀리미터
단풍버즘나무: 10~15밀리미터

잎 중앙 갈래조각은 길이와
폭이 비슷하다.

잎은 어긋나게 달리며
3~5갈래로 얕게 갈라진다.

잎 중앙 갈래조각의
길이가 폭보다 긴 잎도 있다.

어린 가지에
별 모양 털이 있다.

약 20~40미터
높이로 자라는
갈잎큰키나무다.

나무껍질에
얼룩무늬가 생긴다.

단풍버즘나무

암꽃차례

수꽃차례

열매

암꽃차례

수꽃차례

암수한그루이며, 암꽃차례는
검은 빛이 도는 붉은색이며,
수꽃차례는 연한 녹색이다.

양버즘나무

[양방울나무 · 쥐방울나무]

Platanus occidentalis

—

나무껍질은 세로로 갈라져 떨어지며 얼룩무늬가 생긴다. 잎의 중앙 갈래조각은
길이보다 폭이 넓다. 턱잎의 길이는 약 20〜30밀리미터로 단풍버즘나무보다 크
다. 한 열매자루에 1개의 열매가 달린다.

잎 양면에 별 모양 털이 촘촘하지만,
점차 없어져 뒷면 맥 위에만 남는다.

열매의 숫자
양버즘나무: 1개
단풍버즘나무: 1〜2개
버즘나무: 1〜8개

열매는 많은 얇은열매가 모여 있다.

얇은열매

얇은열매

얇은열매의 길이는 약 10밀리미터이고
밑부분에 긴 털이 있다.

꽃밥이 터진 후

꽃밥

수술대

암꽃차례는 새 가지 끝에 달리며
검은 빛이 도는 붉은색이다.

암술은 붉은색이다.

턱잎의 길이
양버즘나무: 20~30밀리미터
단풍버즘나무: 10~15밀리미터

중앙 갈래조각은
길이보다 폭이 넓다.

잎은 길이 10~20센티미터,
폭 10~22센티미터 정도다.

잎은 넓은 달걀꼴이며,
3~5갈래로 얕게 갈라진다.

어린 가지에
별 모양 털이 있다.

암꽃차례

약 20~40미터
높이로 자라는
갈잎큰키나무다.

양버즘나무

암수한그루이며, 암꽃차례는
검은 빛이 도는 붉은색이다.

어린 잎 양면에 부드러운 털이
있지만 점차 없어진다.

버즘나무

[방울나무 · 풀라탄나무 · 푸라타나무]

Platanus orientalis

[oriental plane tree]

—

양버즘나무에 비해 열매가 주렁주렁 많이(1~8개)달린다. 양버즘나무와 달리 나무껍질이 쉽게 벗겨져 떨어지며, 껍질이 떨어진 직후에는 흰색이지만 점차 잿빛을 띤 녹색이 된다. 턱잎의 길이가 약 10밀리미터 미만으로 작은 편이다.

열매는 많은
얇은열매가
모여 있다.

열매의 숫자
양버즘나무: 1개
단풍버즘나무: 1~2개
버즘나무: 1~8개

얇은열매의 길이는
약 11밀리미터이고
밑 부분에 긴 털이 있다.

○─── 얇은열매

수꽃

열매 암꽃

수꽃 확대

암꽃 확대

턱잎의 길이
양버즘나무: 20~30밀리미터
단풍버즘나무: 10~15밀리미터
버즘나무: 10밀리미터 미만

잎은 길이 9~18센티미터,
폭 8~16센티미터 정도다.

잎은 손바닥 모양이며,
3~7개로 깊게 갈라진다.

얇은열매(수과) 위쪽에 꼬부라진
암술머리가 끝까지 남는다.

나무껍질은
쉽게 벗겨져
떨어지며
흰색 또는
회백색이다.

약 30미터
높이로 자라는
갈잎큰키나무다.

술모양꽃차례의
길이는 약 1.8~2센티미터다.

잎 양면에
털이 없다.

조록나무

[잎버레혹나무]

Distylium racemosum

—

약 10~20미터 높이로 자란다. 잎은 어긋나게 달리고 가죽질이며 광택이 있다.
술모양꽃차례는 길이가 약 1.8~2센티미터다. 꽃에는 꽃잎이 없다. 수술은 6~8
개, 암술은 한 개이며 암술머리는 둘로 갈라진다. 튀는열매는 나무처럼 단단하
며, 길이가 약 10~15밀리미터다.

튀는열매는
나무처럼 단단하며,
겉에 털이 촘촘하다.

열매의 길이는 약 10~15밀리미터다.

씨앗

튀는열매

씨앗의 길이는
4~5밀리미터 정도다.

꽃에는 꽃잎이 없다.

암술대

꽃밥

수술은 6~8개,
암술은 1개다.

씨방은 2실이며 겉에
별 모양 털이 있다.

씨방

턱잎

턱잎에 별 모양 털이 있으며,
턱잎은 일찍 떨어진다.

잎은 길이 3~6센티미터,
폭 15~30밀리미터 정도다.

잎은 어긋나게 달리고
가죽질이며 광택이 있다.

암술머리는
둘로 갈라진다.

겨울눈

껍질눈

약 10~20미터 높이로 자라는
늘푸른큰키나무이지만
보통 떨기나무처럼 자란다.

5~10송이의
꽃이 모여 길이가
약 2~5센티미터인
술모양꽃차례를 이룬다.

잎 뒷면에 털
히어리: 없다.
도사물나무: 있다.

도사물나무

Corylopsis spicata
[Spike Winter Hazel]

—

히어리에 비해 꽃대와 잎 뒷면, 어린 가지에 털이 있다. 잎자루는 약 10~25밀리
미터이고 부드러운 털이 촘촘하다. 잎맥은 깃꼴맥이며 6~8쌍이 있다. 5~10송
이의 꽃이 모여 길이가 약 2~5센티미터인 술모양꽃차례를 이룬다. 꽃대에 부드
러운 털이 있다.

열매자루와 튀는열매에
털이 촘촘하다.

튀는열매는
둘로 갈라지고
털이 많으며,
씨방은 2실이다.

씨앗은 검은색이며
길이가 약 5밀리미터다.

꽃잎은
다섯 개이며
황록색이다.

꽃잎

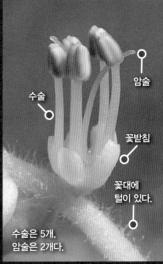

암술

수술

꽃받침

꽃대에
털이 있다.

수술은 5개,
암술은 2개다.

잎자루에 털

턱잎

어린 가지에 털

잎은 길이 5~8센티미터,
폭 4~7센티미터 정도다.

잎은 넓은 달걀꼴 또는 거꿀달걀모양의
둥근꼴이며 어긋나게 달린다.

꽃대에
털이 있다.

꽃대에 털
히어리: 없다.
도사물나무: 있다.

잎자루

잎자루와 어린 가지에
부드러운 털이 촘촘하다.

약 2~4미터
높이로 자라는
갈잎떨기나무다.

도사물나무

술모양꽃차례의 길이는
약 3센티미터로 짧은 편이며,
한 꽃대에 2~5개 정도로
꽃이 적게 달린다.

잎 표면에 털이 없고

뒷면 맥 위에 털이 있다.

드문히어리

[일행물나무 · 파우키플로라히어리 · 좀히어리]

Corylopsis pauciflora

[Buttercup Winterhazel]

—

히어리와 달리 꽃대에 꽃의 숫자가 적게 달리고 꽃밥은 노란색이며, 식물 전체가
작은 편이다. 약 120~180센티미터 높이로 작게 자란다. 어린 가지에 털이 없고
잎은 길이가 약 7센티미터로 작은 편이다. 술모양꽃차례의 길이는 약 3센티미터
로 짧은 편이다.

열매자루와
튀는열매에
털이 없다.

튀는열매

열매자루

튀는열매는
9월에 흑갈색으로
익는다.

씨앗의 길이는
약 3.5밀리미터이고
검은색이다.

꽃밥은
노란색이다.

꽃싸개는 연한 막질이다.

꽃싸개

꽃잎

암술은
2개

꽃밥은
노란색

수술은 5개

꽃밥의 색깔
좀히어리: 노란색
히어리: 붉은색

잎자루

잎자루의 길이는
약 15밀리미터이며 털이 없다.

잎의 길이는
약 7센티미터로
작은 편이다.

잎은 어긋나게 달리고
달걀꼴이다.

씨방은 2실이다.

높이
좀히어리: 120~180센티미터
히어리: 200~300센티미터
도사물나무: 200~400센티미터

겨울눈은
긴 달걀꼴이며 털이 없다.
어린 가지에도 털이 없다.

술모양꽃차례의
길이는 약
3~4센티미터이고,
한 꽃대에
6~12개의
노란색 꽃이 달린다.

히어리

[송광납판화]

Corylopsis coreana

[Corylopsis gotoana var. coreana]

—

잎은 길이 5~9센티미터, 폭 4~8센티미터 정도다. 술모양꽃차례의 길이는 약 3~4센티미터이고, 한 꽃대에 6~12개의 노란색 꽃이 달린다. 꽃대와 잎 뒷면, 어린 가지에는 털이 없다.

잎 뒷면은
회백색이며
털이 없다.

열매자루에
털이 없다.

튀는열매는 2실이고
2개로 갈라진다.

씨방에 2~4개의
검은색 씨앗이 들어 있다.

씨앗

꽃잎은
연한 황록색이다.

꽃싸개

꽃싸개는
긴 달걀꼴이다.

꽃잎

수술은 5개

꽃싸개는 막질이며
털이 있다.

꽃받침

턱잎은 길게
뾰족하다.

잎은 길이 5~9센티미터,
폭 4~8센티미터 정도다.

잎은 어긋나게 달리며
달걀 같은 둥근꼴이다.

꽃대에
털이 없다.

잎자루

껍질눈

어린 가지는
황갈색 또는
암갈색이며
털이 없다.

가을 단풍

약 2~3미터 높이로 자라는
갈잎떨기나무다.

꽃은 1～3월에 잎보다
먼저 노란색으로 핀다.

잎자루와 잎 뒷면 맥 위에
별 모양 털이 있다.

풍년화

Hamamelis japonica

[Japanese witch hazel]

—

약 150～270센티미터 높이로 자란다. 잎은 길이 10～12센티미터, 폭 5～7센티미터 정도다. 꽃은 1～3월에 잎보다 먼저 노란색으로 핀다. 꽃은 지름이 약 15～20밀리미터이고 꽃받침은 녹황색이다.

영구꽃받침

튀는열매에
영구꽃받침이 남아 있다.

열매는 10～11월에
황갈색으로 익으며
2개로 갈라진다.

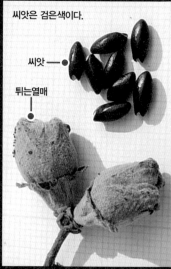

씨앗은 검은색이다.

씨앗 ——

튀는열매

꽃받침은
녹황색이다.

꽃받침

꽃의 지름은
약 15~20밀리미터다.

수술

암술

수술은 4개
암술은 2개다.

잎은
어긋나게 달린다.

잎은 길이 10~12센티미터,
폭 5~7센티미터 정도다.

잎은 어긋나게 달리며,
길둥근꼴 또는 거꿀달걀꼴이다.

꽃받침은 뒤로 젖혀진다.

어린 가지에 별 모양 털이 있다.

약 150~270센티미터
높이로 자라는
갈잎떨기나무 또는
작은키나무다.

풍년화

꽃은 3월에 노란색으로
피고 향기가 있다.

잎 뒷면 맥 위에
털이 있다.

중국풍년화

[몰리스풍년화]

Hamamelis mollis

[Chinese witch hazel]

—

풍년화에 비해 잎의 길이가 약 7~15센티미터로 약간 크다. 꽃의 지름은 약 40밀
리미터로 꽃잎 길이가 긴 편이다. 꽃받침은 자갈색 또는 자홍색이다.

영구꽃받침

튀는열매가
터진 후의 모습

꽃의 지름은
약 40밀리미터로
꽃잎 길이가
긴 편이다.

꽃의 지름은
약 40밀리미터로 큰 편이다.

꽃받침

꽃잎이 길다.

꽃받침은 자갈색
또는 자홍색이다.

잎은 어긋나게 달린다.

잎의 길이는
약 7~15센티미터다.

잎은 어긋나게 달리고
회록색이며 부드럽다.

꽃받침은 뒤로 말린다.

어린 가지에 별 모양
털이 촘촘하다.

약 3~4미터
높이로 자라는
갈잎떨기나무다.

암수딴그루이며 4월에
연한 녹색 꽃이 핀다.

두충

Eucommia ulmoides

—

잎은 길이 5~16센티미터, 폭 2~7센티미터 정도다. 잎은 어긋나게 달리고 긴 길
둥근꼴이다. 잎 양면에 털이 거의 없으나 뒷면 맥 위에 잔털이 있다. 암수딴그루
이며 수꽃의 길이는 약 10밀리미터이고 4~10개의 수술이 있다. 잎이나 열매를
자르면 고무 같은 끈끈한 실이 나온다. 날개열매(시과)는 길이가 약 3~4센티미
터다.

잎 양면에 털이 거의 없으나
뒷면 맥 위에 잔털이 있다.

날개열매다.

열매를 자르면
고무 같은
끈끈한 실이 나온다.

끈끈한 실

날개

씨앗

수꽃의 길이는 약 10밀리미터이고
4~10개의 수술이 있다.

수술대

꽃자루

암꽃에 짧은
꽃자루가 있다.

암술머리는
둘로 갈라진다.

꽃자루

끈끈한 실

잎을 자르면 고무 같은
끈끈한 실이 나온다.

잎은 길이 5~16센티미터,
폭 2~7센티미터 정도다.

잎은 어긋나게 달리고
긴 길둥근꼴이다.

잎 가장자리에
예리한 톱니가 있다

어린 가지에
약간의 털이 있고
껍질눈이 있다.

약 15~20미터
높이로 자라는
갈잎큰키나무다.

4월, 흰색의 꽃이 모여
편평꽃차례를 이룬다.

별 모양 털

잎 표면에 별 모양 털이 있고
뒷면에는 털이 전혀 없다.

물참대

[댕강목 · 댕강말발도리]

Deutzia glabrata

—

말발도리와 비슷하지만 어린 가지에 별 모양 털이 없고, 잎 뒷면에 털이 없다. 암
술대는 2~4개이며, 꽃쟁반에 털이 없다. 열매는 지름 5~6밀리미터 정도로 말발
도리보다 크며 별 모양 털이 없다.

튀는열매는 지름 5~6밀리미터 정도의
종 모양이며 9~10월에 익는다.

열매는 말발도리보다
크며 별 모양 털이 없다.

잎자루에
털이 없다.

꽃의 지름은
약 8~12밀리미터다.

수술 10개 중, 5개는 길고 5개는 짧다.
수술대에 돌기가 없다.

암술대

꽃쟁반

꽃받침

암술대는 2~4개이며
꽃쟁반에 털이 없다.

잎 가에
잔 톱니가 있다.

잎은 길이 4~10센티미터,
폭 1~3센티미터 정도다.

길게 뾰족하다.

잎은 마주 달리며
길둥근꼴~달걀 같은
바소꼴이다.

편평꽃차례

어린 가지에 별 모양 털이 없어
말발도리와 구별한다.

약 1~2미터
높이로 자라는
갈잎떨기나무다.

편평꽃차례

5월, 흰색의 쌍성꽃이 모여
편평꽃차례를 이룬다.

잎 표면에 별 모양 털이 있고
뒷면에 털이 있다.

말발도리

Deutzia parviflora
—

어린 가지에 별 모양 털이 있다. 잎 표면에 별 모양 털이 있고, 뒷면에 털이 있다.
꽃의 지름은 약 10~12밀리미터이고 편평꽃차례를 이룬다. 암술은 3개, 수술은
10개이며 수술대에 돌기가 없다. 열매의 지름은 약 2~3밀리미터의 종 모양이며
9~10월에 익는다.

튀는열매는
9~10월에 익는다.

열매는 지름 2~3밀리미터 정도의
종 모양이며 별 모양 털이 있다.

튀는열매

꽃의 지름은
약 10∼12밀리미터다.

암술대는 3개,
수술은 10개다.

암술

수술대

수술대에
돌기가 없다.

잎 가에
잔 톱니가 있다.

잎은 길이 3∼8센티미터,
폭 30∼35밀리미터 정도다.

잎은 마주 달리며
길둥근 모양의 달걀꼴이다.

5월의 꽃

어린 가지에
별 모양 털이 있다.

약 1∼2미터
높이로 자라는
갈잎떨기나무다.

5월,
흰색 꽃은
편평꽃차례를
이룬다.

짧은 털

별 모양 털

잎 뒷면에 짧은 털이 많으며,
뒷면 맥 위에는 별 모양 털이 있다.

털말발도리

Deutzia parviflora var. amurensis

—

말발도리와 비슷하지만 잎 표면에 별 모양 털과 짧은 털이 모두 있다. 잎 뒷면에
짧은 털이 많이 있으며 뒷면 맥 위에는 별 모양 털이 있다.

열매에 별 모양 털이 있다.

튀는열매는 9월에
갈색으로 익는다.

열매의 지름은
약 3~5밀리미터의
종 모양이다.

암술대는 2~3개,
수술은 10개다.

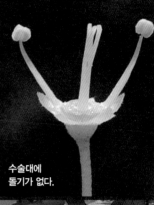

꽃의 지름은
약 10~12밀리미터다.

수술대에
돌기가 없다.

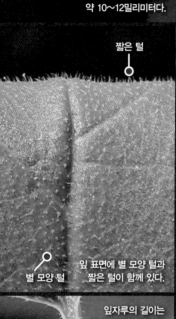

짧은 털

별 모양 털

잎 표면에 별 모양 털과
짧은 털이 함께 있다.

잎은 길이 3~8센티미터,
폭 2~4센티미터 정도다.

잎은 마주 달리며
달걀꼴~달걀 같은
바소꼴이다.

잎자루의 길이는
약 3~12밀리미터로,
별 모양 털이 있다.

어린 가지에
별 모양 털이 있다.

약 1~2미터
높이로 자라는
갈잎떨기나무다.

꽃은 가지 끝이나 잎겨드랑이에서
원뿔꽃차례를 이룬다.

잎 표면과 뒷면 맥 위에
별 모양 털이 있다.

둥근잎말발도리

[스카브라말발도리]

Deutzia scabra

—

말발도리에 비해 꽃은 원뿔꽃차례를 이룬다. 잎은 넓은 달걀꼴로 둥글다. 잎 표면에 별 모양 털이 있고, 뒷면 맥 위에 별 모양 털이 있다. 잎 표면 그물맥은 깊게 주름진다. 잎자루가 아주 짧고 별 모양 털이 있다. 열매의 지름은 약 3밀리미터로 작은 편이다.

열매자루에 털이 있고
열매는 9~10월에 익는다.

튀는열매는 지름 3밀리미터 정도의
종 모양이며 별 모양 털이 있다.

잎 표면 그물맥은
깊게 주름진다.

암술은 2~3개,
수술은 10개다.

수술대에
돌기가 없다.

수술대

작은 꽃자루에
털이 있다.

꽃쟁반

꽃의 지름은
약 10~12밀리미터다.

잎 가에
잔톱니가 있다.

잎은 길이 3~8센티미터,
폭 2~5센티미터 정도다.

잎은 마주 달리며
넓은 달걀꼴로 둥글다.

작은 꽃자루에 털이 있다.

어린 가지에
별 모양 털이 많다.

약 1~3미터
높이로 자라는
갈잎떨기나무다.

꽃은 햇가지 끝에 꼬리처럼 긴
원뿔꽃차례를 이룬다.

잎 표면에 별 모양 털이 있다.

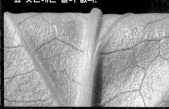

별 모양 털

잎 뒷면에는 털이 없다.

꼬리말발도리

[이삭말발도리]

Deutzia paniculata

—

말발도리에 비해 꽃은 햇가지 끝에 꼬리처럼 긴 원뿔꽃차례를 이룬다. 어린가지
에 별 모양 털이 없다. 열매는 종 모양이 아닌 납작한 공 모양이다.

열매의 지름은
약 3~5밀리미터이며
9월에 익는다.

튀는열매는
납작한 공 모양이며
별 모양 털이 있다.

열매에 암술대가
남아 있다.

꽃의 지름은
약 8~10밀리미터다.

암술대는 2~4개,
수술은 10개이며
수술대에 돌기가 없다.

암술대

꽃쟁반

꽃받침

잎의 길이는
약 7~10센티미터다.

잎은 마주 달리며
길둥근꼴~거꿀달걀 같은
길둥근꼴이다.

잎 가에
잔 톱니가 있다.

꽃잎은 서로
포개지지 않는다.

어린 가지는
적갈색이며 털이 없다.

약 1~2미터 정도
자라는 갈잎떨기나무다.

5월에 흰색 꽃은
원뿔꽃차례를 이룬다.

잎 양면에 별 모양 털이 있다.

애기말발도리

Deutzia gracilis

—

높이 약 1~2미터로 자란다. 어린가지는 초록색이며 별 모양 털이 있으나 없어진다. 잎 양면에 별 모양 털이 있다. 꽃은 원뿔꽃차례를 이룬다. 수술대에 돌기가 있다. 열매는 둥글고 지름이 약 4밀리미터이며 11월에 익는다.

열매는 둥글고
11월에 익는다.

튀는열매에
긴 암술대가 남아 있다.

튀는열매의 지름은
약 4밀리미터다.

꽃의 지름은
약 8~10밀리미터다.

돌기

수술은 10개이며
수술대에 돌기가 있다.

암술대

암술대는
3~4개이며
털이 없다.

잎 가에
잔 톱니가 있다.

잎의 길이는
약 7~10센티미터다.

잎은 마주 달리며
바소꼴이다.

꽃잎이 떨어진 후

어린 가지는 초록색이며
별 모양 털이 있으나 없어진다.

약 1~2미터
높이로 자라는
갈잎떨기나무다.

애기말발도리

햇가지

꽃은 작년가지에 달린다.

잎 양면에 별 모양 털이 있다.

매화말발도리

[삼지말발도리 · 댕강목 · 개말발도리]

Deutzia uniflora

—

잎 양면에 별 모양 털이 있다. 꽃은 작년가지에 달린다. 꽃받침조각의 길이는 꽃받침통보다 짧다. 수술대에 돌기가 있다.

튀는열매는 지름 4~6밀리미터 정도의 종 모양이다.

열매는 9~10월에 갈색으로 익는다.

꽃자루

꽃자루의 길이는 약 2~5밀리미터이고 별 모양 털이 있다.

수술대에
돌기가 있다.

돌기

수술대

꽃받침잎

꽃받침통

꽃의 지름은
약 2~3센티미터다.

꽃받침잎의 길이는
꽃받침통보다 짧다.

잎은 길이 4~6센티미터,
폭 1~3센티미터 정도다.

잎 가에 불규칙한
톱니가 있다.

잎은 마주 달리며,
길둥근 모양의
달걀꼴~넓은 바소꼴이다.

겨울눈

어린 가지에
샘털이 촘촘하다.

약 1미터 높이로 자라는
갈잎떨기나무다.

매화말발도리

원뿔꽃차례의 길이는
약 5~10센티미터다.

빈도리

[일본말발도리]

Deutzia crenata

—

꽃은 말발도리와 비슷하지만, 줄기 속이 비어 있어 빈도리라 불린다. 원뿔꽃차례의 길이는 약 5~10센티미터이며 작년가지에 달린다. 수술대에 돌기가 있다. 꽃쟁반은 주황색이다.

잎 양면에
별 모양 털이 있다.

튀는열매의 지름은
약 4~5밀리미터의 공 모양이다.

5월의 꽃

열매는 9~10월에
갈색으로 익는다.

꽃의 지름은
약 13~15밀리미터다.

암술

돌기

암술은
3~4개다.

주황색
꽃쟁반

수술대에 돌기가 있다.

별 모양 털

잎 가에
잔 톱니가 있다.

잎은 길이 5~8센티미터,
폭 2~3센티미터 정도다.

잎은 마주 달리며
달걀꼴~넓은 바소꼴이다.

꽃은 말발도리와 비슷하지만,
줄기 속이 비어 있어 빈도리라 불린다.

어린 가지에
별 모양 털이 있다.

약 1~2미터
높이로 자라는
갈잎떨기나무다.

만첩빈도리
Deutzia crenata f. plena
—
빈도리와 비슷하지만, 겹꽃이 핀다.

원뿔꽃차례의 길이는
약 5~10센티미터다.

잎 양면에 별 모양 털이 있고
뒷면 맥 위에 털이 있다.

튀는열매의 지름은
4~5밀리미터 정도다.

열매는 9~10월에
갈색으로 익는다.

원뿔꽃차례

꽃의 지름은
약 13~15밀리미터이고
겹꽃이다.

암술대

암술대는
3~4개다.

꽃받침통은
종 모양이다.

잎의 길이는
약 5~8센티미터다.

잎 가장자리에
잔 톱니가 있다.

잎은 마주 달리며
달걀꼴이다.

줄기 속은
비어 있다.

약 1~2미터
높이로 자라는
갈잎떨기나무다.

어린 가지에
별 모양 털이 있다.

만첩빈도리

편평꽃차례의 지름은
약 10～15센티미터다.

잎 양면 맥 위에 털이 있다.

수국

Hydrangea macrophylla
—

잎은 길이 10～15센티미터, 폭 5～10센티미터 정도다. 편평꽃차례의 지름은 약
10～15센티미터이며 쌍성꽃은 거의 없고 장식꽃만 있다. 꽃받침조각은 보통
4～5개다. 장식꽃만 있어 열매를 맺지 못한다.

장식꽃만 있어 열매를 맺지 못한다.

편평꽃차례

장식꽃

꽃이 피기 시작할 때 꽃의 색깔

꽃은 대개 장식꽃이며
꽃받침조각은 4~5개다.

꽃받침조각

꽃받침조각에
톱니가 없다.

잎은 마주 달리며
달걀꼴~넓은 달걀꼴이다.

잎 가에 날카로운
톱니가 있다.

잎은 길이 10~15센티미터,
폭 5~10센티미터 정도다.

약 1미터 높이로 자라는
갈잎떨기나무다.

꽃이 필 때 색깔

어린 가지에는
털이 없다.

수국

편평꽃차례는 지름이
약 10센티미터다.

잎 표면에는 털이 거의 없고
뒷면 맥 위에 털이 있다.

꽃산수국

Hydrangea serrata f. buergeri

—

장식꽃 꽃받침조각에 톱니가 있다. 어린 가지에 잔털이 있다.

열매의 길이는
약 3~4밀리미터이며
튀는열매다.

튀는열매는
9~10월에
익는다.

쌍성꽃 꽃봉오리

장식꽃 꽃받침조각에 톱니가 있다.

쌍성꽃의 수술은
보통 8~10개 정도다.

쌍성꽃

장식꽃

장식꽃의 지름은
약 2~3센티미터다.

잎 가에 날카로운
톱니가 있다.

잎은 길이 10~15센티미터,
폭 2~10센티미터 정도다.

잎은 마주 달리고
길둥근꼴~달걀꼴이다.

쌍성꽃의 암술대는 3~4개다.

약 1미터
높이로 자라는
갈잎떨기나무다.

어린 가지에
잔털이 있다.

편평꽃차례의 지름은
약 5~10센티미터다.

잎 양면 맥 위에 털이 있다.

산수국

Hydrangea serrata for. acuminata

—

편평꽃차례의 지름은 약 5~10센티미터이며 장식꽃은 지름이 약 2~3센티미터
이고 꽃받침조각은 3~5개다. 쌍성꽃의 지름은 약 5밀리미터이며 꽃잎은 3~5개
다. 쌍성꽃의 수술은 보통 8~10개 정도다.

열매의 길이는
약 3~4밀리미터이며
튀는열매다.

튀는열매는
9~10월에 익는다.

꽃이 지고나면
꽃받침조각은 뒤집어진다.

쌍성꽃

무성꽃

꽃받침조각

쌍성꽃의 수술은 보통 8～10개 정도이며
꽃잎은 3～5개다.

꽃받침조각에
톱니가 없다.

무성꽃

꽃받침조각

잎 가에
날카로운
톱니가 있다.

잎은 길이 10～15센티미터,
폭 2～10센티미터 정도다.

잎은 마주 달리며
긴 길둥근꼴이다.

암술대

쌍성꽃에
암술대는
3～4개다.

어린 가지에는
털이 없다.

약 1미터 높이로 자라는
갈잎떨기나무다.

산수국

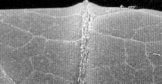

편평꽃차례의 지름은
약 5~10센티미터다.

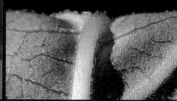

잎 양면 맥 위에 털이 있다.

탐라산수국
Hydrangea serrata for. fertilis

—

편평꽃차례의 지름은 약 5~10센티미터이다. 장식꽃은 지름이 약 2~3센티미터
정도이고 꽃받침조각은 3~5개다. 꽃차례 중앙의 쌍성꽃은 지름이 5밀리미터 정
도이고 꽃잎은 3~5개이며 쌍성꽃의 수술은 보통 8~12개 정도다. 튀는열매의
길이는 3~4밀리미터 정도이며 9~10월에 익는다.

튀는열매의 길이
3~4밀리미터 정도다.

열매는 9~10월에 익는다.

꽃이 지고 나면
꽃받침조각은
뒤집어진다.

꽃차례 중앙의 쌍성꽃의
수술은 보통 8~12개 정도다.

장식꽃에 핀 무성꽃

무성꽃

꽃받침조각

꽃받침조각

꽃잎

잎은 마주 달리고
길둥근꼴~달걀꼴이다.

잎 가에 날카로운
톱니가 있다.

잎은 길이 10~15센티미터,
폭 2~10센티미터 정도다.

암술대는 3~4개다.

어린 가지에는 털이 없다.

약 1미터 높이로 자라는
갈잎떨기나무다.

원뿔꽃차례의 길이는 약 7~25센티미터, 폭 6~11센티미터다. 250~1000개의 꽃이 빽빽하다.

잎 양면 맥 위에 털이 있다.

나무수국
Hydrangea paniculata
—

원뿔꽃차례의 길이는 약 7~25센티미터, 폭 6~11센티미터다. 250~1000개의 꽃이 빽빽하다. 원뿔꽃차례는 자체 무게 때문에 아래로 아치형으로 늘어진다. 장식꽃은 기온이 떨어지면 가끔 흰색에서 분홍색으로 변하게 된다.

장식꽃은 흰색에서 기온이 떨어지면 가끔 분홍색으로 변하게 된다.

장식꽃에 핀 무성꽃

튀는열매의 길이는 약 5밀리미터다.

장식꽃이 대부분이어서
쌍성꽃이 잘 보이지 않는다.

쌍성꽃의 지름은 약 6～8밀리미터다.
암술은 2～4개, 수술은 10개다.

장식꽃의 꽃받침조각은 보통
4(3～5)개이며, 장식꽃의 지름은
약 2～4센티미터다.

잎자루의 길이는 약 6～24밀리미터이며
털이 있다.

잎의 길이는 약 6～15센티미터,
폭은 3～6센티미터다.

잎은 흔히 3개씩 돌려난다.

원뿔꽃차례는 자체 무게 때문에
아래로 아치형으로 늘어진다.

어린 가지에
털이 있다

높이 약 2.5～4.5(～7)미터로
자라는 갈잎떨기나무다.

편평꽃차례의 지름은
약 10〜20센티미터다.

잎줄겨드랑이

잎 양면에 털이 거의 없으나
뒷면 잎줄겨드랑이에 털이 있다.

바위수국

[바위범의귀]

Schizophragma hydrangeoides

—

줄기에 부착공기뿌리가 발생하며, 다른 물체에 붙어서 자란다. 편평꽃차례의
지름은 10〜20센티미터 정도다. 장식꽃의 꽃받침조각은 1개이며 길이는 약
20〜35밀리미터다. 쌍성꽃의 암술은 1개이며 수술은 10개다.

튀는열매는 길이가
약 6〜8밀리미터다.

열매는 8〜9월에 익는다.

장식꽃의 꽃받침조각은 1개이며
길이는 약 20〜35밀리미터다.

꽃받침조각

쌍성꽃의 암술은 1개이며
수술은 10개다.

수술대

꽃잎

장식꽃의 꽃받침조각

잎 가에 예리한
톱니가 있다.

잎의 길이는
10~15센티미터 정도다.

잎은 마주 달리며
넓은 달걀꼴이다.

줄기에 부착공기뿌리가 발생한다.

부착공기뿌리

어린 가지에는
털이 없다.

줄기의 길이가
10미터 정도 자라는
갈잎덩굴나무다.

다른 물체에
붙어서 자란다.

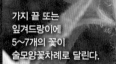

가지 끝 또는
잎겨드랑이에
5~7개의 꽃이
술모양꽃차례로 달린다.

잎 표면에 약간의 털이 있고

뒷면 맥 위를 제외하고는 털이 거의 없다.

고광나무

[오이순 · 쇠영꽃나무]

Philadelphus schrenkii

—

어린가지에는 털이 있고 작년가지는 회색이며 나무껍질이 벗겨진다. 잎 뒷면 맥
위에 털이 있다. 가지 끝 또는 잎겨드랑이에 5~7개의 꽃이 술모양꽃차례로 달린
다. 꽃잎은 4장이며 암술대 아래쪽에 털이 있고, 작은 꽃자루에 털이 있다.

암술대
아래쪽에
털이 있다.

열매의
꽃받침은
중앙보다
위쪽에 달린다.

튀는열매는
9월에 익는다.

꽃의 지름은
약 30~35밀리미터이고
향기가 있다.

암술대
아래쪽에
털이 있다.

꽃받침통과
작은 꽃자루에
털이 촘촘하다.

잎자루의 길이는
약 3~10밀리미터이며
흰털이 있다.

잎은 길이 4~13센티미터,
폭 2~7센티미터 정도다.

잎은 마주 달리며
달걀꼴이다.

잎 가에
톱니가 있다.

어린 가지에는
털이 있다.

햇가지

작년가지

작년가지는 회색이며
나무껍질이 벗겨진다.

꽃잎은
4~5장이다.

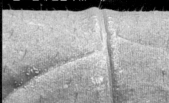

잎 표면에 잔털이 있으며,

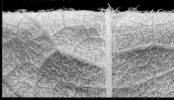

뒷면에는 맥 위와 맥 사이에도
꼬부라진 털이 있다.

왕고광나무

Philadelphus koreanus var. robustus

—

꽃잎은 4~5장이다. 암술대에 털이 없고 꽃쟁반에는 털이 있다. 작은 꽃자루와
꽃받침통에 털이 많다. 잎 가에 젖꼭지 모양의 톱니가 있다.

튀는열매의 지름은
약 4~5밀리미터다.

열매는 9월에 익는다.

잎 가에 젖꼭지 모양의
톱니가 있다.

꽃의 지름은
약 25~30밀리미터다.

암술대에는
털이 없다.

꽃쟁반에는
털이 있다.

꽃쟁반에 털

꽃받침통

잎자루에
털이 있다.

잎의 길이는
약 5~10센티미터다.

잎은 마주 달리며
달걀꼴이다.

어린 가지에는
털이 있다.

햇가지

작년가지

작년가지는 회색이며
나무껍질이 벗겨지지 않는다.

약 1~1.5미터
높이로 자라는
갈잎떨기나무다.

술모양꽃차례에
5~7개의 꽃이 달린다.

잎 표면에 잔털이 있으며

털고광나무

Philadelphus schrenckii var. jackii
—

고광나무와 비슷하지만 작년가지의 나무껍질은 벗겨지지 않는다. 잎 표면에 잔
털이 있으며 뒷면에는 맥 위와 맥 사이에도 꼬부라진 털이 있다. 고광나무에 비
해 잎 끝의 뾰족함이 뚜렷하다. 꽃잎은 네 장이며 암술대와 꽃쟁반에 털이 있고
작은 꽃자루에도 털이 있다.

뒷면에는 맥 위와 맥 사이에도
꼬부라진 털이 있다.

튀는열매의 지름은
약 4~5밀리미터다.

열매는 9월에 익는다.

잎 가에
톱니가 있다.

꽃의 지름은
약 30~35밀리미터이고
향기가 있다.

암술대와
꽃쟁반에
털이 있다.

암술대 ─○

꽃쟁반 ─○

꽃받침통에 털

작은
꽃자루에
털

잎자루의 길이는
약 2~8밀리미터이며
흰털이 있다.

잎은 길이 3~6센티미터 정도이며,
잎 끝의 뾰족함이 뚜렷하다.

뾰족하다.

잎은 마주 달리고
달걀꼴이다.

어린 가지에
흰색 털이 있다.

햇가지

작년가지

작년가지는 회색이며
나무껍질이 벗겨지지 않는다.

약 1~1.5미터
높이로 자라는
갈잎떨기나무다.

가지 끝 또는
잎겨드랑이에
5~7개의 꽃이
술모양꽃차례로
달린다.

잎 표면에 짧은 털이 많으며

뒷면에는 흰색 털이 촘촘하다.

서울고광나무

Philadelphus seoulensis

—

작년가지의 나무껍질은 벗겨진다. 잎 표면에 짧은 털이 많으며, 뒷면에는 흰색 털
이 촘촘하다. 암술대와 꽃쟁반에 털이 없고 작은 꽃자루에는 털이 촘촘하다. 꽃
잎은 둥근꼴에 가깝다.

튀는열매의 지름은
5~7밀리미터 정도다.

열매는 9월에 익는다.

잎 가에
톱니가 있다.

꽃의 지름은
약 30〜35밀리미터다.

꽃잎은
둥근꼴에
가깝다.

암술대

꽃쟁반

암술대와
꽃쟁반에
털이 없다.

꽃받침통에
털이 많다.

작은
꽃자루에
털이 많다.

잎자루의 길이는
약 5밀리미터이며
털이 많다.

잎은 길이 4〜6센티미터,
폭 2〜4센티미터 정도다.

잎은 마주 달리며
달걀꼴〜긴길둥근꼴이다.

어린 가지에
흰색 털이 촘촘하다.

햇가지

작년가지

작년가지의
나무껍질은
벗겨진다.

약 2〜3미터
높이로 자라는
갈잎떨기나무다.

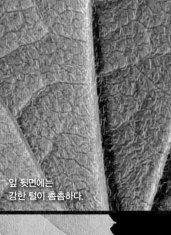

술모양꽃차례에
5~7개의 꽃이 달린다.

섬고광나무
Philadelphus scaber
—

고광나무와 비슷하지만 작년가지의 나무껍질은 벗겨지지 않는다. 잎 표면에 잔
털이 있으며 뒷면에는 강한 털이 촘촘하다. 꽃잎은 네 장이며 암술대와 꽃쟁반에
털이 없다. 작은 꽃자루에는 털이 적고, 꽃받침통에는 털이 없다.

잎 뒷면에는
강한 털이 촘촘하다.

튀는열매의 지름은
약 4~5밀리미터다.

열매는 9월에 익는다.

잎 가에
톱니가 있다.

꽃의 지름은
약 30~35밀리미터다.

암술머리는
네 개로 갈라지며
암술대와 꽃쟁반에
털이 없다.

작은 꽃자루에 털이 적고,
꽃받침통에는 털이 없다.

잎 표면에
잔털이 약간 있다.

잎의 길이는
약 3~6센티미터다.

잎은 마주 달리며
달걀꼴이다.

어린 가지에는
흰색 털이 있다.

햇가지

작년가지

작년가지의 나무껍질은
벗겨지지 않는다.

약 1~1.5미터
높이로 자라는
갈잎떨기나무다.

술모양꽃차례의 길이는
약 2~15센티미터이며
3~9개의 꽃이 달린다.

잎 양면에 털이 없지만
맥 위에 털이 있는 것도 있다.

애기고광나무

[당고광나무 · 각시고광나무]

Philadelphus pekinensis

—

어린가지에는 털이 없거나 잔털이 약간 있고 작년가지의 나무껍질은 벗겨진다.
잎의 길이는 약 6~9센티미터이며 잎 끝은 꼬리처럼 길게 뾰족하다. 잎 양면에
털이 없지만 맥 위에 털이 있는 것도 있다. 작은 꽃자루와 꽃받침통에 털이 없고
암술대와 꽃쟁반 또한 털이 없다.

암술대는
네 갈래로
갈라진다.

튀는열매는
9월에 익는다.

잎 가에 젖꼭지 모양의
톱니가 있다.

꽃의 지름은
2~3센티미터 정도다.

암술대, 꽃쟁반,
꽃받침통에 털이 없다.

작은 꽃자루에는
털이 없다.

잎자루에
털이 없거나 있다.

잎은 길이 6~9센티미터,
폭 2~4센티미터 정도다.

잎 끝은 꼬리처럼
길게 뾰족하다.

잎은 마주 달리며
달걀꼴이다.

어린 가지에
털이 없거나
잔털이 약간 있다.

작년가지의
나무껍질은 벗겨진다.

약 1~2미터
높이로 자라는
갈잎떨기나무다.

애기고광나무

암수딴그루이며 3월에
황록색 꽃이 핀다.

잎 표면에 털이 없으며
뒷면 맥 위에는 약간의 털이 있다.

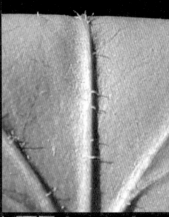

개당주나무

Ribes fasciculatum

—

까마귀밥나무에 비해 잎은 길이 3~4센티미터, 폭 3~5센티미터 정도로 작다.
잎 뒷면 맥 위에 약간의 털이 있다. 잎 밑은 대부분 편평한 밑이고, 염통꼴밑은
거의 없다. 잎자루의 길이는 약 1~3센티미터이고 샘털이 있다.

꽃이 진 후

어린 물열매

잎 밑은 대부분 편평한 밑이며,
염통꼴밑은 거의 없다.

꽃의 지름은
약 3~5밀리미터다.

고리 마디

작은꽃자루는
길이 5~9밀리미터 정도이며,
고리 마디가 있다.

꽃자루에
샘털이 있다.

잎자루의 길이는
약 1~3센티미터이고
샘털이 있다.

샘털

대부분
편평한 밑

잎은 길이 3~4센티미터,
폭 3~5센티미터 정도로 작다.

잎은 어긋나게 달리고
3~5갈래로 갈라진다.

잎 길이 비교
개당주나무: 3~4센티미터
까마귀밥나무: 5~10센티미터

개당주나무

까마귀밥나무

줄기에
가시가 없다.

약 1~1.5미터
높이로 자라는
갈잎떨기나무다.

개당주나무

암수딴그루이며 꽃은 4월
작년가지 잎겨드랑이에
황록색으로 핀다.

잎 뒷면 맥 위에
융털이 많다.

까마귀밥나무

[까마귀밥여름나무 · 꼬리까치밥나무]

Ribes fasciculatum var. chinense

—

어린 가지에 털이 있고 가시는 없다. 잎의 길이는 약 5~10센티미터다. 잎 표면에 털이 없으며 뒷면 맥 위에는 융털이 있다. 잎자루의 길이는 약 2~3센티미터이며 잎자루 아래쪽에는 긴 털이 있다. 암수딴그루이며 4월 작년가지 잎겨드랑이에 황록색 꽃이 핀다. 열매의 지름은 약 7~8밀리미터이며 9월에 붉은색으로 익는다.

물열매의 지름은
7~8밀리미터 정도이며
9월에 붉은색으로 익는다.

씨앗은 노란색이며
끈적끈적한 성질이 있다.

수꽃

암꽃에는 퇴화한
수술이 있다.

수꽃의 수술은 5개이며,
암술대는 두 갈래로 갈라진다.

퇴화한 수술

꽃받침

꽃잎

고리 마디

작은꽃자루에 털이 있고
고리 마디가 있다.

잎자루 아래쪽에
긴 털이 있다.

잎은 길이
5~10센티미터
정도다.

잎은 어긋나게 달리고
3~5갈래로 갈라진다.

11월의 단풍

어린 가지에는
털이 있고
가시는 없다.

약 1~1.5미터
높이로 자라는
갈잎떨기나무다.

술모양꽃차례는 길이가
5~8센티미터 정도이며
10~20개의 꽃이 모여 달린다.

꽃차례의 길이가 짧은 편이다.

잎 표면에 잔털이 있으며

뒷면에는 융털이 많다.

넓은잎까치밥나무

[넓은잎까치밥]

Ribes latifolium

—

까치밥나무에 비해 술모양꽃차례의 길이는 약 5~8센티미터로 짧은 편이며
10~20개의 꽃이 모여 달린다. 잎 끝은 뾰족끝이거나, 끝이 뭉뚝하다. 잎자루의
길이는 약 5~10센티미터로 까치밥나무보다 긴 편이다.

물열매의 지름은
약 7밀리미터다.

열매는 9월에
붉은색으로 익는다.

꽃이 피기 직전

꽃의 지름은
약 3∼5밀리미터다.

수술은 5개,
암술은 둘로
갈라진다.

수술은 꽃잎보다 길다.

잎의 길이는
약 5∼10센티미터다.

잎은 어긋나게 달리고
5각상 둥근꼴이다.

잎자루의 길이는
약 5∼10센티미터로
까치밥나무보다 길다.

어린 가지에는
잔털 또는 샘털이 있다.

가지의 나무껍질은
세로로 얇게 벗겨진다.

약 1∼2미터
높이로 자라는
갈잎떨기나무다.

넓은잎까치밥나무

술모양꽃차례는 길이가
약 10~15(~20)센티미터로 길다.

잎 표면에 잔털이 있으며

뒷면에는 융털이 촘촘하다.

꽃차례가 길다. ─○

까치밥나무

Ribes mandshuricum

—

넓은잎까치밥나무에 비해 술모양꽃차례는 길이가 약 10~15(~20)센티미터로
길며, 40~50개의 꽃이 모여 달린다. 잎 끝은 뾰족하고, 잎자루의 길이는 4~6센
티미터 정도로 넓은잎까치밥나무보다 짧은 편이다.

열매는 공 모양이며
지름이 약 7~9밀리미터다.

물열매

물열매는 9월에
붉은색으로 익는다.

수술은 5개, 암술대는
둘로 갈라진다.

수술은
꽃잎보다 길다.

꽃의 지름은
약 3~5밀리미터다.

잎은 어긋나게 달리며,
잎 끝은 뾰족끝이다.

잎자루의 길이는
약 4~6센티미터이며
짧은 털이 있다.

잎의 길이는
약 5~10센티미터다.

꽃받침통은
술잔 모양이다.

어린 가지에는
짧은 털이 있다.

약 1~2미터
높이로 자라는
갈잎떨기나무다.

까치밥나무

4~5월, 가지 끝에
작은모임꽃차례로
흰색 꽃이 핀다.

돈나무

[갯똥나무 · 섬엄나무]

Pittosporum tobira
—

잎은 가죽질이며 길이 4~9센티미터, 폭 2~4센티미터 정도다. 잎 가장자리는 뒤로 말리며, 잎 양면에 털이 없다. 꽃의 지름은 약 2센티미터이며 향기가 있다. 꽃은 흰색에서 점차 노란색으로 변한다. 10월, 열매 껍질이 세 갈래로 갈라져 붉은색 씨앗이 나온다.

잎 양면에
털이 없다.

튀는열매의 길이는
약 12밀리미터다.

10월에 열매 껍질이 세 갈래로 갈라져
붉은색 씨앗이 나온다.

씨앗의 길이는
약 5밀리미터다.

꽃의 지름은
약 2센티미터이며
향기가 있다.

암술은 1개
수술은 5개다.

씨방

꽃받침

씨방에 털이
촘촘하다.

잎 가장자리는
뒤로 말린다.

잎은 가죽질이며 길이 4~9센티미터,
폭 2~4센티미터 정도다.

잎은 어긋나게 달리고
가지 끝에 모여 달린다.

약 2~3미터
높이로 자라는
늘푸른떨기나무다.

어린 가지에는
털이 있다.

꽃은 흰색에서
점차 노란색으로
변한다.

돈나무

꽃은 4월에 잎보다 늦게 흰색으로
술모양꽃차례를 이룬다.

채진목

[독요나무]

Amelanchier asiatica

—

어린 가지에 부드러운 털이 있으며 점차 암자색으로 변한다. 잎은 어긋나게 달리
고 길둥근꼴~달걀꼴이다. 꽃은 4월에 햇가지에 잎보다 늦게 흰색으로 핀다. 암
술대는 3~5개, 수술은 20개 정도다. 열매는 9~11월에 암자색으로 익는다.

잎 표면에 털이 거의 없고
뒷면에 털은 점차 없어진다.

열매는 9~11월에
암자색으로 익는다.

물열매의 지름은
약 5~10밀리미터다.

씨앗의 길이는 약 5밀리미터며,
한 열매에 3~5개씩 들어있다.

꽃의 지름은
약 25~30밀리미터다.

암술대는 3~5개,
수술은 20개 정도다.

꽃받침조각은
젖혀진다.

작은 꽃자루에
털이 있다.

잎자루의 길이는
약 10~15밀리미터이며
털이 있으나 없어지는 것이 많다.

잎의 길이는 약 4~8센티미터,
폭 약 3~4센티미터다.

잎은 어긋나게 달리고
길둥근꼴~달걀꼴이다.

암술대에
털이 없다.

씨방에
흰 털이 많다.

턱잎

어린 가지에
털이 있다.

높이 약 5~10미터로
자라는 갈잎작은키나무다.

채진목

꽃은 4월에 주황색으로
1~5개씩 모여 핀다.

잎 양면에 털이 없다.

명자나무

[산당화 · 명자꽃 · 가시덱이]

Chaenomeles speciosa

—

가지에 가시가 있다. 꽃은 4월에 주황색으로 1~5개씩 모여 핀다. 꽃은 지름 25~35밀리미터 정도이며 암술대 아래쪽에 털이 있다. 암술은 5개, 수술은 40~50개 정도다. 열매의 지름은 약 6~10센티미터이고 9월에 녹황색으로 익는다.

배모양열매(이과)는
지름이 약 6~10센티미터다.

열매는 9월에
녹황색으로 익는다.

잎 가에 날카로운
톱니가 있다.

꽃의 지름은
약 25~35밀리미터다.

암술은 5개,
수술은 40~50개 정도다.

암술대에 털
명자나무: 있다.
풀명자: 없다.

암술대
아래쪽에 털 ─○

잎은 어긋나게 달리고
긴 길둥근꼴~달걀꼴이다.

턱잎

턱잎은 일찍
떨어진다.

잎은 길이 4~8센티미터,
폭 2~5센티미터 정도다.

꽃받침은 짧으며 종 모양 또는
통 모양이고 다섯 갈래로 갈라진다.

가지에
가시가 있다.

약 1~2미터
높이로 자라는
갈잎떨기나무다.

꽃은 4월에 밝은 주황색으로
1~5개씩 모여 핀다.

풀명자

[애기씨꽃나무 · 청자]

Chaenomeles japonica

—

명자나무에 비해 높이 1미터 이하로 키가 낮게 자라며, 줄기는 대부분 반 정도
옆으로 누워 자란다. 잎의 길이는 약 3~4센티미터로 작다. 잎 가에 톱니는 뾰족
하거나 둔하다. 꽃은 밝은 주황색이고 암술대 아래쪽에 털이 없다. 열매의 지름
은 약 2~3센티미터로 작은 편이다.

잎 양면에는 털이 없다.

열매는 10월에
노란색으로 익는다.

잎 가에 톱니는
뾰족하거나 둔하다.

배 모양 열매는
지름 2~3센티미터
정도로 작은 편이다.

꽃의 지름은
약 25〜35밀리미터다.

암술

수술

수꽃의 암술은
수술보다 짧다.

암술대에 털
산당화: 있다.
풀명자: 없다.

암술대 아래쪽에
털이 없다.

턱잎

잎은 길이 3〜4센티미터
폭 2센티미터 정도다.

잎은 어긋나게 달리고
거꿀달걀꼴〜주걱 모양이다.

꽃받침조각

가지에
가시가 있고
털이 있다.

높이 1미터
정도 자라는
갈잎떨기나무다.

줄기는 대부분
반 정도 옆으로
누워 자란다.

풀명자

꽃은 4월에 분홍색으로
1개씩 달린다.

잎 표면에 털이 거의 없고

뒷면에 털은 점차 없어진다.

모과나무

[모과]

Chaenomeles sinensis

—

어린 가지에는 털이 있고 나무껍질은 비늘처럼 벗겨지고 얼룩무늬가 있다. 꽃은 4월에 분홍색으로 1개씩 달린다. 꽃의 지름은 약 2~3센티미터다. 열매의 지름은 약 10~15센티미터로 나무처럼 단단하고, 9월에 노란색으로 익으며 향기가 좋다.

배 모양 열매의 지름은
약 10~15센티미터이며,
나무처럼 단단하다.

열매는 9월에
노란색으로 익으며
향기가 좋다.

꽃받침조각은 안쪽에 솜털이 있고
표면에는 털이 없다.

꽃받침조각

암술은 3~5개,
수술은 20개 정도다.

암술대

수술대

꽃의 지름은
약 2~3센티미터다.

잎은 어긋나게 달리고
길둥근꼴이다.

잎 가에 줄 모양의
잔 톱니가 있다.

잎의 길이는
약 4~8센티미터다.

어린 가지에는
털이 있다.

약 10미터
높이로 자라는
갈잎떨기나무다.

얼룩무늬

12월, 얼룩무늬
나무껍질

모과나무

편평꽃차례의 길이는
약 2~3센티미터이고,
꽃은 5월에 흰색으로 핀다.

잎 표면에 털이 있거나 없고

뒷면에는 털이 촘촘하다.

섬개야광나무

[섬야광나무 · 섬개야광]

Cotoneaster wilsonii

—

어린 가지에 털이 있고 위쪽 가지는 아래로 처진다. 편평꽃차례의 길이는 약 2~3센티미터이고, 꽃은 5월에 흰색으로 핀다. 암술대는 2개이며, 20개 정도의 수술은 안쪽으로 오므라진다. 열매의 지름은 약 7~8밀리미터이고 9월에 암적색으로 익는다.

배 모양
열매의 지름은
약 7~8밀리미터다.

열매는 9월에
암적색으로 익는다.

씨앗은
한 쪽 면이
납작하다.

꽃의 지름은
약 8~12밀리미터다.

수술은
안쪽으로 오므라진다.

암술은 ─○
2개

작은꽃자루에 ─○
털

턱잎은 줄꼴이며
길이가 약 1~4밀리미터다.

턱잎 ─○

잎은 길이 3~5센티미터,
폭 15~25밀리미터 정도다.

잎은 어긋나게 달리고
잎 가에 톱니가 없다.

작은꽃자루에 털 ○─

꽃받침 ○─

약 1~2미터
높이로 자라는
갈잎떨기나무다.

어린 가지에는
털이 있다.

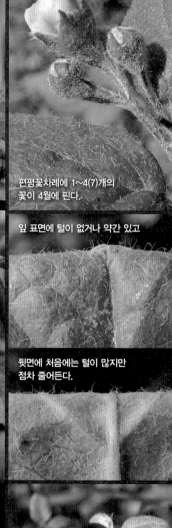

편평꽃차례에 1~4(7)개의
꽃이 4월에 핀다.

잎 표면에 털이 없거나 약간 있고

뒷면에 처음에는 털이 많지만
점차 줄어든다.

둥근잎개야광

[개야광나무 · 조선야광나무]

Cotoneaster integerrima

—

잎은 달걀꼴, 달걀모양둥근꼴이다. 잎자루의 길이는 2~4밀리미터 정도로 짧다.
꽃의 지름은 3~5밀리미터 정도로 작다. 꽃잎은 활짝 펼쳐지지 않고 약간 오므
린다.

배모양열매의 지름은
6~8밀리미터 정도고,
8~9월에 검붉은색으로 익는다.

씨앗의 길이는 8밀리미터 정도이며,
한 열매 속에 2~3개의 씨앗이 들어있다.

새 잎은 청동색
붉은빛이 돈다.

꽃의 지름은 3~5밀리미터
정도로 작다.

꽃잎은 활짝 펼쳐지지 않고
약간 오므린다.

수술이 꽃잎보다 짧고
암술대는 2개다.
씨방은 2실이다.

잎자루의 길이는
2~4밀리미터 정도이며
털이 있다.

잎의 길이는 1~4센티미터,
폭 2~3센티미터 정도다.

잎은 어긋나게 달리고 달걀꼴,
달걀모양둥근꼴이다.

턱잎

턱잎은 길이
1~4밀리미터로서
끝까지 남는다.

어린 가지에
털이 있다.

높이 1~2미터
정도로 자라는
갈잎떨기나무다.

편평꽃차례의 지름은
약 5~8센티미터이며
5월에 흰색 꽃이 핀다

잎 표면에 털이 없고
뒷면 맥 위에 털은 점차 없어진다.

가새잎산사

[가위나무]

Crataegus pinnatifida var. partita

―

잎의 결각이 중심맥까지 깊게 갈라져 거의 깃꼴겹잎처럼 보인다.

배 모양 열매의 지름은
약 15밀리미터다.

열매는 9월에
붉은색으로 익는다.

씨앗의 길이는
약 8밀리미터다.

암술은 4~5개,
수술은 20개다.

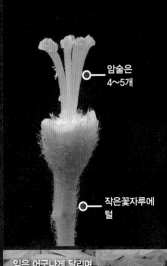

암술은
4~5개

작은꽃자루에
털

꽃의 지름은
15밀리미터 정도다.

잎은 어긋나게 달리며,
잎 가에 3~5쌍의 결각이
중심맥까지 깊이 갈라진다.

턱잎의 길이는 약 8밀리미터로
큰 편이며 톱니가 있다.

잎은 길이 5~10센티미터,
폭 4~7센티미터 정도다.

약 3~6미터
높이로 자라는
갈잎작은키나무다.

가지에 길이
1~2센티미터
정도의 가시가 있다.

어린 가지에
약간의 털이 있다.

편평꽃차례의 지름은
약 5~8센티미터다.

잎 표면에 털이 없고

뒷면 맥 위에 털은 점차 없어진다.

넓은잎산사

[큰아가위나무 · 참찔광나무]

Crataegus pinnatifida var. major

산사나무와 비슷하지만 잎에 결각은 얕게 갈라진다. 열매의 지름이 25밀리미터
정도로, 다른 산사나무 종류보다 큰 편이다.

배 모양 열매의 지름은 약 25밀리미터로,
다른 산사나무 종류보다 큰 편이다.

열매는 10월에
붉은색으로 익는다.

씨앗의 길이는
약 8밀리미터다.

꽃의 지름은
약 18밀리미터다.

암술머리는 4~5개,
수술은 20개 정도다.

암술대는
4~5개

작은꽃자루의
털

잎은 어긋나게 달리고 3~5쌍의
얕은 결각과 불규칙한 톱니가 있다.

턱잎은 큰 편이며
톱니가 있다.

잎은 길이 5~10센티미터,
폭 4~7센티미터 정도다.

나무껍질

어린 가지에는
털이 있다.

약 6미터 높이로 자라는
갈잎작은키나무다.

넓은잎산사

편평꽃차례의 지름은
약 4~6센티미터이며
5월에 흰색 꽃이 핀다.

잎 양면에 털이 많다.

아광나무

[뫼산사나무 · 뫼쩔광나무]

Crataegus maximowiczii

—

가지에는 보통 가시가 없지만, 가끔 길이 1~2센티미터 정도의 가시가 달리기도
한다. 잎은 길이 8~14센티미터, 폭 6~9센티미터 정도다. 잎은 어긋나게 달리고
잎 가에 3~5쌍의 얕은 결각이 있다. 열매의 지름은 약 7~10밀리미터이고 9월
에 붉은색으로 익는다.

배 모양 열매는 지름이
약 7~10밀리미터다.

열매는 9월에
붉은색으로 익는다.

열매 하나에 2~5개의
씨앗이 들어있다.

암술대는
2~5개다.

작은꽃자루의
털

암술대는 2~5개이고
수술은 20개 정도다.

꽃잎은
5개다.

잎은 길이 8~14센티미터,
폭 6~9센티미터 정도다.

잎은 어긋나게 달리고 잎 가에
3~5쌍의 얕은 결각이 있다.

잎자루의 길이는
약 1~2센티미터이고 털이 있다.

약 2~3 높이로
자라는 갈잎작은키나무다.

어린 가지에는
털이 많다.

가지에는 보통
가시가 없지만,
어쩌다 길이
1~2센티미터 정도의
가시가 달리기도 한다.

아광나무

편평꽃차례의 지름은
약 4~6센티미터다.

잎 양면 맥 위에
털이 있다.

산사나무
[아가위나무 · 찔구배나무 · 동배]
Crataegus pinnatifida
—
가지에 길이 1~2센티미터 정도의 가시가 있다. 잎 가에 3~5쌍의 얕은 결각과
불규칙한 톱니가 있다. 편평꽃차례의 지름은 약 4~6센티미터이며 5월에 흰색
꽃이 핀다. 열매의 지름은 약 15밀리미터다.

배 모양 열매의 지름은
약 15밀리미터다.

열매는 10월에
붉은색으로 익는다.

열매 하나에 3~5개의
씨앗이 들어 있다.

꽃의 지름은
약 15밀리미터다.

꽃밥은
연한 홍색

수술은 20개,
암술대는 3～5개다.

암술머리는
3～5개다.

작은꽃자루에
털이 있다.

잎자루의 길이는
약 2～6센티미터로 긴 편이다.

잎은 어긋나게 달리고
잎 가에 3～5쌍의
얕은 결각이 있다.

턱잎의 길이는
약 8밀리미터로 큰 편이며
톱니가 있다.

가시가
짧은 편이다.

어린 가지에는
털이 있다.

약 2～3미터
높이로 자라는
갈잎작은키나무다.

가지에 길이 1～2센티미터
정도의 가시가 있다.

산사나무

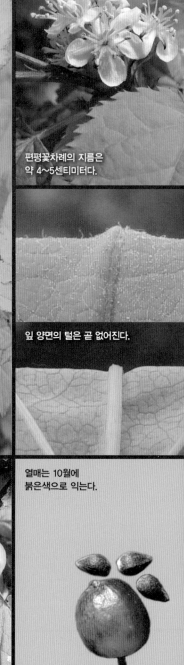

편평꽃차례의 지름은
약 4~5센티미터다.

잎 양면의 털은 곧 없어진다.

이노리나무

[왕이노리나무]

Crataegus komarovii

—

산사나무와 비슷하지만 어린 가지에 능선이 있으며 가시나 털이 없다. 잎은 어긋나게 달리고, 잎 가에 3~5개의 얕은 결각과 겹톱니가 있다. 열매의 지름은 약 10~15밀리미터이고 껍질눈이 없다.

배 모양 열매의 지름은
약 10~15밀리미터다.

열매에
껍질눈이
없다.

열매는 10월에
붉은색으로 익는다.

꽃의 지름은 약
15~20밀리미터다.

암술대는 2~4개이며
수술은 10개 정도다.

암술대와
작은꽃자루에는
털이 없다.

턱잎

턱잎은 줄꼴이며 길이가
4~6밀리미터 정도다.

잎의 길이는
약 4~8센티미터다.

잎은 어긋나게 달리고 잎 가에
3~5개의 얕은 결각과 겹톱니가 있다.

꽃자루가 길다.

어린 가지에 능선이 있으며
가시나 털이 없다.

약 3~5미터
높이로 자라는
갈잎작은키나무다.

5월, 햇가지 끝에 3~10개의
흰색 꽃이 모여 술모양꽃차례를 이룬다.

가침박달

[까침박달]

Exochorda serratifolia

—

5월에 햇가지 끝에 3~10개의 흰색 꽃이 모여 술모양꽃차례를 이룬다. 꽃의 지름은 약 3~4센티미터다. 열매의 길이는 약 10~12밀리미터이고, 도드라진 5~6개의 모서리가 있다. 씨앗의 길이는 약 12밀리미터이고 날개가 있다.

잎 양면에 털이 없다.

튀는열매는 길이가 약 10~12밀리미터이고 도드라진 5~6개의 모서리가 있다.

7월의 어린 열매

씨앗의 길이는 약 12밀리미터이고 날개가 있다.

꽃의 지름은
약 3~4센티미터다.

수술은 25개.
암술대는 5개다.

암술대는
5개

작은꽃자루에
털이 없다.

잎자루는 길이는 약
1~2센티미터이며 붉은색이다.

잎의 길이는
약 5~9센티미터다.

잎은 어긋나게 달리고
위쪽에 톱니가 있다.

3월의 어린 잎과
어린 꽃차례

어린 가지에는
털이 없다.

약 1~5미터
높이로 자라는
갈잎떨기나무다.

4~5월, 햇가지 끝에
흰색 꽃이 1개씩 핀다.

잎 표면에 털이 없고

뒷면에는 털이 있다.

병아리꽃나무

[개함박꽃나무 · 대대추나무]

Rhodotypos scandens

—

어린 가지에 능선이 있으며 털이 있다. 4~5월, 햇가지 끝에 흰색 꽃이 1개씩 핀다. 꽃의 지름은 약 3~5센티미터다. 열매의 길이는 7~8밀리미터로, 9월에 보통 4개씩 모여 검은색으로 익는다.

얇은열매의 길이는
약 7~8밀리미터다.

열매는 보통 네 개씩
모여 달린다.

열매는
녹색→붉은색→검은색으로
익게 된다.

암술은
네 개 수술은
다수다.

암술대는
네 개

작은꽃자루에
털이 있다.

꽃의 지름은
약 3~5센티미터다.

턱잎은 바늘꼴이며 길이가
약 3~5밀리미터다.

턱잎

잎은 길이 4~8센티미터,
폭 2~4센티미터 정도다.

잎은 마주 달리고 잎 가에
뾰족한 겹톱니가 있다.

씨앗은 갈색이며
그물맥(망상맥)이 있다.

어린 가지에
능선이 있으며
털이 있다.

뿌리에서
많은 가지가
올라온다.

약 1~2미터
높이로 자라는
갈잎떨기나무다.

꽃은 4~5월, 가지 끝에
한 개씩 노란색으로 핀다.

잎 표면에 털이 없고

뒷면에는 털이 있다.

황매화

Kerria japonica

—

죽단화와는 달리 꽃잎이 5장이다.

얇은열매의 길이는
약 4밀리미터다.

11월, 열매 모습

열매는 9월에 갈색으로
익으며 영구꽃받침이 남아있다.

암술대는 5~8개이며
수술은 다수다.

꽃은 지름
3~4센티미터 정도다.

4월의 꽃

턱잎 ──○

턱잎은 줄꼴이며 길이가
약 4~6밀리미터다.

잎은 길이 3~7센티미터,
폭 2~3센티미터 정도다.

잎은 어긋나게 달리고
잎 가에 뾰족한 겹톱니가 있다.

어린 가지에
능선이 있으며
털이 없다.

약 1~2미터
높이로 자라는
갈잎떨기나무다.

4월, 꽃 피는 모습

황매화

175

4~5월, 가지 끝에
노란색 겹꽃이
한 개씩 핀다.

잎 표면에 털이 없고
뒷면에는 털이 있다.

죽단화

[겹황매화]

Kerria japonica f. pleniflora

—

황매화와 달리 꽃은 겹꽃이다.

얇은열매의 길이는
약 4밀리미터이고
영구꽃받침이 남아 있다.

열매가 거의
익지 못한다.

꽃봉오리

꽃의 지름은
약 3∼4센티미터다.

암술과 수술은
잘 보이지 않는다.

꽃자루에 털이 없고
꽃받침조각은 달걀꼴이다.

턱잎

턱잎은 바늘꼴이며
길이가 약 4∼6밀리미터다.

잎은 길이 3∼7센티미터,
폭 2∼3센티미터 정도다.

잎은 어긋나게 달리고,
잎 가에 뾰족한 겹톱니가 있다.

4월, 꽃피는 모습

어린 가지에
능선이 있으며
털이 없다.

약 1∼2미터
높이로 자라는
갈잎떨기나무다.

야광나무

[동배나무 · 당아그배나무 · 아가위나무]

Malus baccata

—

아그배나무에 비해 꽃자루와 어린 가지에 털이 없고, 잎에 결각이 전혀 없으며 열매의 지름이 8~12밀리미터로 아그배(6~8밀리미터)보다 크다.

꽃은 4월에
흰색으로 핀다.

잎 양면에 털이 있으나
곧 없어진다.

배 모양 열매에
꽃받침은 일찍 떨어진다.

열매의 지름
아그배나무: 6~8밀리미터
야광나무: 8~12밀리미터

12밀리미터

I 0

열매자루가 길다.

열매자루의 길이
아그배나무: 3~4센티미터
야광나무: 6~8센티미터

꽃의 지름은
약 30~35밀리미터다.

암술대는
4~7개

암술대
아래쪽에 털

암술대의 숫자
아그배나무: 3~4개
야광나무: 4~7개

꽃자루에는
털이 없다.

잎자루의
털은 곧 없어진다.

잎은 길이 3~8센티미터,
폭 20~35밀리미터 정도다.

잎은 어긋나게 달리고
길둥근꼴~달걀꼴이다.

꽃자루가 길다.

털이 없다.

어린 가지에 털
아그배나무: 있다.
야광나무: 없다.

약 4~10미터
높이로 자라는
갈잎큰키나무다.

꽃은 5월에
흰색으로 핀다.

잎 표면에 털이 있으나 점차 없어진다.

잎 뒷면에 털은 처음부터 없다.

민야광나무

Malus baccata f. jackii

—

야광나무에 비해 암술대 아래쪽에 털이 없고, 잎 뒷면에 처음부터 털이 없다.

배 모양
열매는 지름이
약 8~12밀리미터다.

1센티미터

열매자루의 길이는
3~5센티미터 정도다.

열매에 꽃받침은
일찍 떨어진다.

꽃의 지름은
약 30~35밀리미터다.

암술대 아래쪽에
털이 없다.

암술대 아래쪽에 털
야광나무: 있다.
민야광나무: 없다.

꽃자루에
털이 없다.

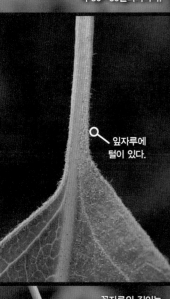

잎자루에
털이 있다.

잎은 길이 3~8센티미터,
폭 20~35밀리미터 정도다.

잎은 어긋나게 달리고
길둥근꼴~달걀꼴이다.

꽃자루의 길이는
약 2~4센티미터이고
털이 없다.

잎자루에 털

어린 가지에
털이 없다.

약 12미터
높이로 자라는
갈잎큰키나무다.

민야광나무

꽃은 5월에
흰색으로 핀다.

잎 표면의 털은 점차 없어진다.

털야광나무

[개귀타리나무 · 만주아그배나무]

Malus baccata var. mandshurica

—

야광나무에 비해 잎 뒷면과 잎자루의 털은 끝까지 남아 있다. 꽃자루와 열매자루
에 약간의 털이 있고 어린 가지에도 털이 있다.

잎 뒷면의 털은 처음부터
끝까지 남아 있다.

열매에 꽃받침은
일찍 떨어진다.

배 모양 열매는
공 모양이고 지름이
약 8~12밀리미터다.

열매자루의 길이는
약 3~5센티미터이고
약간의 털이 있다.

꽃의 지름은
약 30~35밀리미터다.

암술대 아래쪽에
털이 촘촘하다.

꽃자루에
약간의
털이 있다.

잎자루의 털은
끝까지 남아 있다.

잎은 길이 3~8센티미터,
폭 20~35밀리미터 정도다.

잎은 어긋나게 달리고
길둥근꼴~달걀꼴이다.

약 12미터
높이로 자라는
갈잎큰키나무다.

어린 가지에는
털이 있다.

5월, 꽃이
활짝 핀 모습

꽃은 5월에 연한 분홍색으로 피며
3~8개가 모여 난다.

잎 표면에 털이 없으며
뒷면 맥 위에 약간의 털이 있다.

서부해당

[서부해당화 · 수사해당 · 할리아나꽃사과]

Malus halliana
[Adirondak Crabapple]

—

꽃은 5월에 연한 분홍색으로 핀다. 꽃은 겹꽃이며 지름이 약 30~35밀리미터다.
암술은 3~4개, 수술은 20~25개 정도다. 열매는 공 모양이고 지름이 약 7~10
밀리미터이며 꽃받침은 일찍 떨어진다.

배 모양 열매는 공 모양이고
지름이 약 7~10밀리미터다.

열매에 꽃받침은
일찍 떨어진다.

O— 꽃자루

꽃자루의 길이는
약 2~4센티미터이고
털이 없다.

수술은 20~25개이며
암술보다 길다.

암술대는
3~4개

암술대
아래쪽에
털이 있다.

꽃자루에
털이 없다.

꽃은 겹꽃이며 지름이
약 30~35밀리미터다.

잎자루의 길이는
약 10~25밀리미터이며
털이 있다.

잎은 길이 4~8센티미터,
폭 30~45밀리미터 정도다.

잎은 어긋나게 달리고
달걀꼴~바소꼴이다.

어린 가지에는
털이 있다.

약 5미터
높이로 자라는
갈잎작은키나무다.

5월의 꽃 핀 모습

서부해당

185

꽃은 5월에 흰색으로
4~8개씩 모여 핀다.

잎 양면에 털이 있으나
표면의 털은 점차 없어진다.

아그배나무

[삼엽해당]

Malus sieboldii

—

햇가지 잎에 흔히 3~5갈래의 결각이 나타난다. 꽃은 5월에 흰색으로 피며 암술은 3~4개, 수술은 20개 정도다. 열매는 공 모양이고 10월에 진한 붉은색으로 익는다. 열매의 지름은 약 6~8밀리미터이며 꽃받침은 일찍 떨어진다.

배 모양 열매는 공 모양이고
10월에 진한 붉은색으로 익는다.

열매의 꽃받침은
일찍 떨어진다.

열매의 지름
야광나무: 8~12밀리미터
아그배: 6~8밀리미터

아그배나무 —○

야광나무 —○

꽃의 지름은
2~3센티미터 정도다.

암술대는
3~4개

암술대
아래쪽에
털

꽃자루에
털이 없다.

잎자루의 길이는
약 1~3센티미터이고
털이 약간 있다.

잎은 길이 3~6센티미터,
폭 3~5센티미터 정도다.

햇가지 잎에는 흔히
3~5갈래의 결각이 나타난다.

잎은 어긋나게 달린다.

꽃봉오리는
분홍색이다.

어린 가지에는
털이 있다.

약 2~6미터
높이로 자라는
갈잎작은키나무다.

꽃받침은 끝까지 남아 있는 것이 많다.

꽃은 5월에 연한 홍색~흰색으로 핀다.

잎 양면에 털은 끝까지 남는다.

개아그배나무

[제주아그배 · 좀아그배나무 · 장기아그배나무]

Malus micromalus

—

아그배나무에 비해 열매의 지름이 약 15밀리미터로 크며 열매에 영구꽃받침은 끝까지 남아 있는 것이 많다. 꽃자루에 털이 있다.

영구꽃받침

배 모양 열매에 영구꽃받침은 끝까지 남아 있는 것이 많다.

열매의 지름
개아그배: 15밀리미터
아그배나무: 6~8밀리미터

잎 가에 겹톱니가 있다.

꽃의 지름은 약 3~4센티미터다.
암술은 4~5개, 수술은 20개 정도다.

암술대는
4~5개

암술대
아래쪽에
털

꽃자루에
털

꽃받침통에
털이 있다.

잎은 길이 7~11센티미터,
폭 3~4센티미터 정도다.

잎은 어긋나게 달리고
긴 길둥근꼴이다.

잎자루의 길이는
약 2~4센티미터이고
털은 끝까지 남아 있다.

햇가지 잎에
흔히 결각이 있다.

꽃봉오리는 붉은색이다.

어린 가지에는
털이 있다.

약 7미터
높이로 자라는
갈잎작은키나무다.

개아그배나무

꽃은 6~10개가
모여 달린다.

잎 양면에 털은 점차 없어진다.

꽃사과나무

Malus floribunda

—

꽃은 6~10개가 모여 달리며 흰색 또는 연한 분홍색으로 4월에 핀다. 꽃의 지름은 약 3센티미터다. 열매는 공 모양~원뿔 모양이고 지름이 약 1~2센티미터이며, 열매에 영구꽃받침은 끝까지 남는다.

배 모양 열매는
지름이 약 1~2센티미터다.

배 모양 열매는
공 모양~원뿔 모양이다.

열매에 영구꽃받침은
끝까지 남는다.

꽃의 지름은
약 3센티미터다.

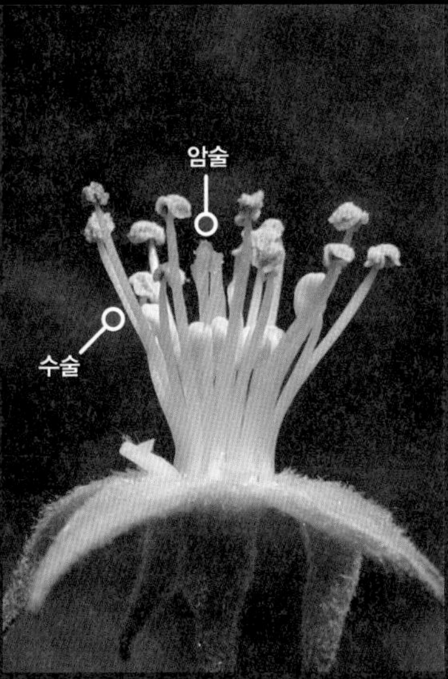
암술
수술

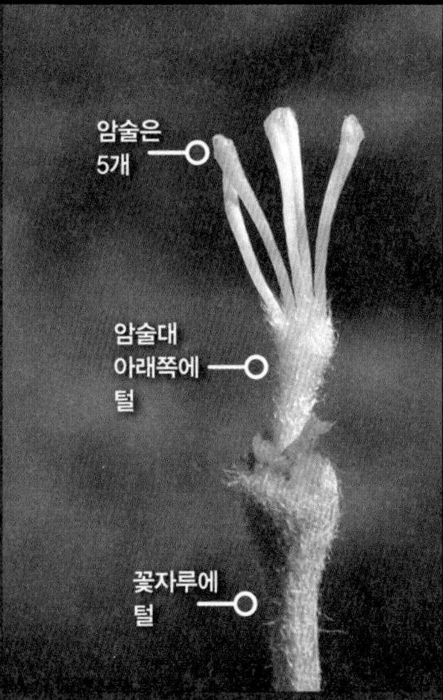
암술은
5개
암술대
아래쪽에
털
꽃자루에
털

잎자루에
털이 있다.

잎의 길이는
약 5~10센티미터다.

잎은 어긋나게 달리며
달걀꼴~길둥근꼴이다.

꽃봉오리는
분홍색이다.

어린 가지에는
털이 있다.

약 6~9미터
높이로 자라는
갈잎작은키나무다.

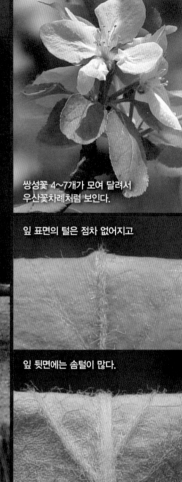

쌍성꽃 4~7개가 모여 달려서
우산꽃차례처럼 보인다.

잎 표면의 털은 점차 없어지고

잎 뒷면에는 솜털이 많다.

혹처럼
부푼다.

능금나무
[능금]
Malus asiatica
—

열매의 지름은 약 4~5센티미터로 사과(8~10센티미터)보다 작고, 꽃사과(1~2
센티미터)보다 크다. 열매의 영구꽃받침 아래쪽이 혹처럼 부풀어 있다.

열매의 지름
능금: 4~5센티미터
사과: 8~10센티미터

혹처럼
부푼다.

배 모양 열매에 남아있는
꽃받침 아래쪽이 혹처럼 부푼다.

7월, 덜 익은
열매 모습

꽃의 지름은
약 3~4센티미터다.

암술대는
수술보다
짧다.

○— 암술대

암술대와 꽃자루에
털이 촘촘하다.

잎자루의 길이는
약 1~4센티미터이고
털이 있다.

잎은 길이 5~11센티미터,
폭 4~5센티미터 정도다.

잎은 어긋나게 달리고
길둥근꼴~달걀꼴이다.

암술이
○— 수술보다 짧다.

어린 가지에는
털이 있다.

약 10미터
높이로 자라는
길잎작은키나무다.

능금나무

꽃은 흰색~연한 분홍색으로 4월에 핀다.

오목하다.

잎 뒷면에 털이 촘촘하다.

사과나무

Malus pumila

꽃의 지름은 약 3~4센티미터이고 흰색 또는 연한 분홍색으로 4월에 핀다. 열매는 납작한 공 모양이고 지름이 약 8~10센티미터다. 열매에 꽃받침 아래쪽이 오목하게 들어가 있어 능금나무와 구별한다.

열매의 지름
사과: 8~10센티미터
능금: 4~5센티미터

9월, 익어가는 열매

배 모양 열매에 영구꽃받침 아래쪽이 오목하게 들어간다.

꽃의 지름은
약 3~4센티미터다.

암술과 수술은
길이가 비슷하다.

암술대 아래쪽과
꽃자루에 털이 있다.

잎자루의 길이는
약 2~3센티미터이고 털이 있다.

잎은 길이 7~10센티미터,
폭 5~7센티미터 정도다.

잎은 어긋나게 달리고
길둥근꼴~달걀꼴이다.

꽃받침과
꽃자루에
털이 많다.

어린 가지에는
털이 촘촘하다.

약 10미터
높이로 자라는
갈잎작은키나무다.

꽃은 2~3개씩 가지 끝이나 잎겨드랑이에 달린다.

잎 양면에 털이 많다.

물싸리

Potentilla fruticosa var. rigida

—

작은잎의 길이는 약 1~2센티미터다. 작은 잎이 보통 5(3~7)개인 홀수깃꼴겹잎이다. 잎 양면에 털이 촘촘하다. 꽃은 2~3개가 가지 끝 또는 잎겨드랑이에 난다. 꽃은 6~8월에 노란색으로 피며 지름이 약 3센티미터다.

얇은열매에 긴 털이 있다.

꽃받침 조각은 달걀 같은 삼각형이며, 비단털이 있다.

덧꽃받침　　꽃받침조각

꽃의 지름은
약 3센티미터다.

암술

수술

암술

수술

턱잎

작은잎의 길이는
약 1~2센티미터다.

잎은 어긋나게 달리고
홀수깃꼴겹잎이다.

턱잎은 바소꼴이며,
연한 갈색이고 털이 있다.

작은 잎은 보통
5(3~7)개다.

어린 가지에는
흰색 털이 많다.

약 40~150센티미터
높이로 자라는
갈잎떨기나무다.

꽃자루에 털

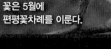

꽃은 5월에
편평꽃차례를 이룬다.

잎 양면에 털이 있으나
점차 없어진다.

윤노리나무

Pourthiaea villosa

—

잎은 길이 3~8센티미터, 폭 2~5센티미터 정도다. 꽃의 지름은 약 7~10밀리미
터이고, 암술은 2~4개, 수술은 20개. 열매의 길이는 약 8~10밀리미터이고,
10월에 붉은색으로 익는다. 열매자루에 껍질눈이 있다.

배 모양 열매는 거꿀달갈꼴이며
길이가 약 8~10밀리미터다.

껍질눈

열매자루에
껍질눈이 있다.

열매는 10월에
붉은색으로 익는다.

꽃의 지름은
약 7~10밀리미터다.

암술은 2~4개,
수술은 20개다.

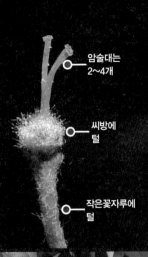

암술대는
2~4개

씨방에
털

작은꽃자루에
털

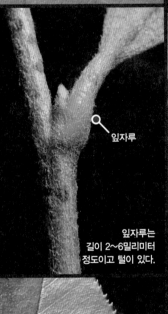

잎자루

잎자루는
길이 2~6밀리미터
정도이고 털이 있다.

잎은 길이 3~8센티미터,
폭 2~5센티미터 정도다.

잎은 어긋나게 달리고
거꿀달걀꼴~긴 길둥근꼴이다.

어린 가지에는 털이 있고
껍질눈이 있다.

껍질눈

잎 가에 예리한
톱니가 있다.

약 2~5미터
높이로 자라는
갈잎작은키나무다.

꽃차례 아래쪽에 잎
개벚지나무: 없다.
귀룽나무: 있다.

개벚지나무

Prunus maackii

—

술모양꽃차례의 길이는 약 5~7센티미터다. 꽃차례 아래쪽에 잎이 없다. 잎 뒷면에 샘점이 있다. 열매의 지름은 약 5~7밀리미터이고 6월에 검은색으로 익는다.

샘점

잎 뒷면에 샘점
개벚지나무: 있다.
귀룽나무: 없다.

굳은씨열매는 6월에
검은색으로 익는다.

열매의 지름은
약 5~7밀리미터다.

씨앗의 길이는
약 4밀리미터이며
주름이 있다.

수술은 25~30개이며
꽃잎보다 약간 더 길다.

꽃의 지름은
약 8~10밀리미터다.

암술대에 털
개벚지나무: 있다.
귀룽나무: 없다.

암술대에 털

씨방과
작은꽃자루에
털이 없다.

잎자루에 약간의
털이 있다.

잎의 길이는
약 6~11센티미터다.

샘물질

잎은 어긋나게 달리고
바소꼴~긴 달걀꼴이다.

가지에 털은
점차 없어진다.

어린 가지에는
약간의 털이 있다.

턱잎

약 15미터
높이로 자라는
갈잎큰키나무다.

나무껍질은
황갈색으로
윤기가 있고
옆으로 벗겨진다.

개벚지나무

꽃차례 아래쪽에 잎
개벚지나무: 없다.
북개벚지나무: 있다
귀룽나무: 있다.

잎이 있다.

샘점

잎 뒷면 맥 위에 약간의
털이 있고 샘점이 있다.

북개벚지나무

[별벚나무]

Prunus meyeri

—

술모양꽃차례는 길이 5~7센티미터정도다. 꽃차례 아래쪽에 잎이 있다. 잎 뒷면에 샘점이 있다. 열매의 지름은 5~7밀리미터 정도이고 6월에 검은색으로 익는다. 개벚지나무와 산개벚지나무의 잡종으로 본다.

굵은씨열매는
6월에 검은색으로 익는다.

열매의 지름은
5~7밀리미터 정도다.

씨앗의 길이는
4밀리미터 정도며 주름이 있다.

수술은 25~30개며 꽃잎보다
약간 더 길다.

꽃의 지름은 17밀리미터 정도로
약간 크다.

암술대에 털이 있고
씨방과 작은 꽃자루에는
털이 없다.
꽃받침잎은 젖혀진다.

잎자루에 약간의
털이 있다.

샘물질

잎의 길이는 10~13센티미터,
폭은 6~7센티미터 정도다.

잎은 어긋나게 달리고
바소꼴-긴 달걀꼴이다.

잎 가에 톱니

턱잎

어린 가지에 털은
점차 없어진다.

나무껍질은
짙은 갈색이며
벗겨지지 않는다.

높이 15미터
정도로 자라는
갈잎 큰키나무다.

술모양꽃차례의 길이는
약 10~15센티미터다.

가지는 아래로
늘어지지 않는다.

귀룽나무
[귀룽나무]

Prunus padus

—

술모양꽃차례의 길이는 약 10~15센티미터다. 꽃차례 아래쪽에 잎이 있어 개벚
지나무와 구별한다. 가지가 아래로 늘어지지 않아 서울귀룽나무와 구별한다.

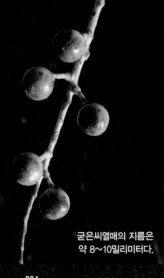

잎줄겨드랑이

잎 표면에 털이 없고,
뒷면 잎줄겨드랑이에 털이 있다.

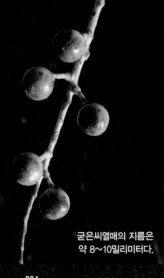

굳은씨열매의 지름은
약 8~10밀리미터다.

열매는 7월에
검은색으로 익는다.

가지의 모양
귀룽나무: 비스듬히 위로 치솟는다.
서울귀룽나무: 아래로 늘어진다.

10월 단풍

꽃차례
아래쪽에
잎이 있다.

꽃차례 아래쪽에 잎
귀룽나무: 있다.
개벚지나무: 없다.

꽃의 지름은
약 10~15밀리미터다.

암술대와 씨방,
작은꽃자루에
털이 없다.

씨방

작은꽃자루

샘물질

잎자루의 길이는
약 10~15밀리미터이며
털이 없고 샘물질이 있다.

잎 뒷면의 색깔
귀룽나무: 회록색
흰귀룽나무: 회백색.

잎 표면의 색깔

잎 뒷면의 색깔

잎은 길이 5~12센티미터,
폭 3~6센티미터 정도다.

꽃받침조각은
뒤로 젖혀진다.

어린가지와
겨울눈에
털이 없다.

약 15미터
높이로 자라는
갈잎큰키나무다.

꽃차례
아래쪽에
잎이 있다.

꽃차례 아래쪽에 잎
서울귀룽나무: 있다.
개벚지나무: 없다.

잎 표면에 털이 없고,
뒷면 잎줄겨드랑이에 털이 있다.

서울귀룽나무

Prunus padus var. seoulensis

—

가지가 뻗는 모양
귀룽나무: 가지는 위로 비스듬히 치솟는다.
서울귀룽나무: 가지는 수양버들처럼 아래로 늘어진다.

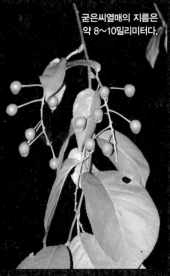

굳은씨열매의 지름은
약 8~10밀리미터다.

열매는 7월에
검은색으로 익는다.

씨앗의 길이는
약 7밀리미터이고
주름이 있다.

꽃의 지름은
약 10~15밀리미터다.

꽃받침

암술대, 씨방,
작은꽃자루에
털이 없다.

샘물질

잎자루의 길이는
약 10~15밀리미터이며
털이 없고 샘물질이 있다.

잎은 길이 5~12센티미터,
폭 3~6센티미터 정도다.

잎은 어긋나게 달리고,
거꿀달걀 같은 길둥근꼴이다.

어린 가지에는
털이 없다.

턱잎

약 15미터
높이로 자라는
갈잎큰키나무다.

가지가 수양버들처럼
아래로 늘어진다.

서울귀룽나무

207

꽃차례 아래쪽에
잎이 있다.

잎

중심맥에
털이 없다.

잎줄겨드랑이에 털

흰귀룽나무

[흰구름나무]

Prunus padus f. glauca

—

귀룽나무에 비해 잎의 뒷면이 회백색이다. 꽃은 촘촘하게 달리고 꽃잎은 서로 포
개진다. 씨앗에 주름이 있다. 세로티나벚나무에 비해 잎 뒷면 중심맥에 털이 없
고 잎줄겨드랑이에 털이 있다.

굳은씨열매의 지름은
약 8~10밀리미터이고,
7월에 검은색으로 익는다.

씨앗에 주름

열매에 홈

잎 뒷면 색깔 비교

흰귀룽나무

귀룽나무

세로티나벚나무

꽃잎은 서로
포개진다.

암술대, 씨방,
작은꽃자루에
털이 없다.

술모양꽃차례의 길이는
10~15센티미터 정도이며,
귀룽나무보다 꽃이
촘촘하게 달린다.

샘물질

잎 뒷면의 색깔
귀룽나무: 회록색
흰귀룽: 회백색

잎 표면

잎 뒷면

잎자루의 길이는
약 10~15밀리미터이며
털이 없고 샘물질이 있다.

잎은 어긋나게 달리고
거꿀달걀 같은 길둥근꼴~거꿀달걀꼴이다.

4월, 새잎은
청동색이다.

어린 가지에 털
귀룽나무: 없다.
흰귀룽: 있다.

털이 있다.

약 15미터
높이로 자라는
갈잎큰키나무다.

술모양꽃차례의 길이는
10~15센티미터 정도다.

잎 뒷면 중심맥
아래쪽에
흰색 털이 빽빽하다.

세로티나벚나무

Prunus serotina

[Wild Black Cherry]

—

잎 표면에 털이 없고, 뒷면 중심맥 아래쪽에 흰색 털이 촘촘하다. 잎자루의 길이
는 1~2센티미터 정도이며, 털이 없고 샘물질이 있거나 없다. 술모양꽃차례 아래
쪽에 잎이 있다.

굳은씨열매의 지름은
약 7~9밀리미터다.

열매는 7월에
자흑색으로 익는다.

씨앗

꽃은 촘촘하게 달린다.

꽃은 5월에
흰색으로 핀다.

암술대, 씨방,
작은꽃자루에는
털이 없다.

샘물질이
있거나 없다.

잎은 어긋나게 달리고
달걀꼴~긴 달걀꼴이다.

잎자루의 길이는
1~2센티미터 정도이며 털이 없다.

잎은 길이 5~12센티미터,
폭 3센티미터 정도다.

꽃차례 아래쪽에
잎이 있다.

어린 가지에는
털이 없고
껍질눈이 있다.

약 10~25미터
높이로 자라는
갈잎큰키나무다.

세로티나벚나무

꽃은 3~6개가 모여 나며,
흰색 또는 연한 홍색으로 4월에 핀다.

잎 표면에 털이 없고,
뒷면 맥 위에 털이 있거나 없다.

왕벚나무

Prunus yedoensis

—

어린 가지에는 털이 있다. 작은꽃자루는 길이가 약 6~30밀리미터이며 털이 있
다. 암술대에도 털이 있고, 씨방에는 털이 없다.

굳은씨열매의 지름은
약 7~8밀리미터다.

열매자루에
털이 있다.

잎 가에
예리한
겹톱니가 있다.

꽃의 지름은
약 3~4센티미터다.

암술대 아래쪽에
털이 있다.

씨방에
털이 없다.

작은
꽃자루에
털

암술과 수술은
길이가 비슷하다.

꽃받침통에
털이 있거나 없다.

잎의 길이는
약 6~12센티미터다.

잎은 어긋나게 달리고
길둥근꼴의 달걀꼴~넓은 길둥근꼴이다.

샘물질

잎자루에
털이 있다.

꽃은 4월에
잎보다 먼저 핀다.

어린 가지에는
털이 있다.

턱잎

약 10~15미터
높이로 자라는
갈잎큰키나무다.

4월초에
다른 벚나무 종보다
일찍 꽃이 핀다.

꽃은 2~5개가 모여 달리며
연한 홍색으로 핀다.

잎 양면에 털이 있으나
뒷면 맥 위에만 남는다.

올벚나무

[화엄벚나무 · 붉은올벚나무]

Prunus pendula f. ascendens

—

꽃은 연한 홍색으로 4월초에 다른 벚나무 종보다 일찍 꽃이 핀다. 꽃받침통 아래쪽이 항아리처럼 부푼다. 암술대에 털이 있고 씨방에는 털이 없다. 열매의 지름은 약 10밀리미터다.

열매자루에는
털이 있다.

굳은씨열매의 지름은
약 10밀리미터다.

잎 가장자리에
뾰족한 겹톱니가 있다.

암술대 아래쪽에
털이 있다.

씨방에
털이 없다.

꽃의 지름은
약 15~20밀리미터다.

꽃받침통 아래쪽이
항아리처럼 부푼다.

샘물질

잎자루에 털

잎의 길이는
약 6~12센티미터다.

잎은 어긋나게 달리고
좁은 길둥근꼴~긴 바소꼴이다.

작은 꽃자루에는
털이 있다.

꽃받침통에
털이 있다.

턱잎

잎자루에 털

어린 가지에는
털이 있다.

약 10~15미터
높이로 자라는
갈잎큰키나무다.

꽃대축이 없는
꽃차례에 2~3개
꽃이 모여 난다.

가는잎벚나무

[복숭아잎벚나무 · 긴잎벚나무]

Prunus serrulata var. densiflora

—

잎은 길이 8~12센티미터, 폭 3~4센티미터 정도로 좁고 긴 편이다. 잎은 어긋나
게 달리고 바소꼴이다. 잎 가에 톱니는 비스듬한 삼각형이다. 작은꽃자루에는 털
이 있고 암술대와 씨방에는 털이 없다.

잎 양면에는
털이 없다.

굳은씨열매는 6월에
검은색으로 익는다.

열매자루에는
털이 있다.

잎 가에 톱니는
비스듬한 삼각형이다.

꽃의 지름은
약 3~4센티미터다.

꽃받침통에
털이 없다.

암술대와 씨방에는
털이 없고
작은 꽃자루에는
털이 있다.

암술대 —

씨방 —

작은꽃자루 —

잎자루에는
털이 없다.

샘물질

잎은 길이 8~12센티미터,
폭 3~4센티미터 정도로 좁고 긴 편이다.

잎은 어긋나게 달리고
바소꼴이다.

꽃차례에
꽃축이 없다.

어린 가지에는
털이 없다.

약 20미터
높이로 자라는
갈잎큰키나무다.

꽃은 2~3개가 모여 나며
꽃대축이 거의 없다.

꽃대축이
거의 없다.

잎 양면에는 털이 없다.

산벚나무

[사젠트벚나무 · 홍산벚나무]

Prunus sargentii

—

어린 가지와 잎 양면에는 털이 없다. 잎 가에 톱니는 비스듬한 삼각형이다. 잎자
루에 털이 없고 샘물질이 있다. 꽃은 2~3개가 모여 나며 꽃대축이 거의 없다. 꽃
받침통과 작은꽃자루에 털이 없다. 암술대와 씨방에 털이 없다.

씨앗의 길이는
약 5~7밀리미터다.

열매자루축이
거의 없다.

열매자루에는
털이 없다.

굳은씨열매의 지름은
약 1센티미터다.

암술대와
씨방에
털이 없다.

암술대

씨방

꽃받침통

꽃받침통과
작은 꽃자루에
털이 없다.

작은꽃자루

꽃은 연홍색이지만
간혹 흰색인 것도 있다.

잎자루에
털이 없다.

샘물질

잎은 길이 8~15센티미터,
폭 4~7센티미터 정도다.

잎은 어긋나게 달리고
길둥근꼴~거꿀달걀꼴이다.

잎 가에 톱니는
비스듬한 삼각형이다.

작년가지는
회색

어린 가지에는
털이 없다.

약 15~20미터
높이로 자라는
갈잎큰키나무다.

꽃잎 끝은
오목하다.

꽃은 잎보다
늦게 핀다.

섬벚나무

Prunus takesimensis

—

꽃받침조각이 뒤로 젖혀지는 특징이 있다. 꽃은 잎보다 늦게 핀다. 어린 가지와 잎 양면에는 털이 없다. 잎 가에 뾰족한 톱니가 있으며 잎자루에는 털이 없다. 작은꽃자루의 길이는 약 15～18밀리미터고 털이 없다. 암술대와 씨방에는 털이 없다. 열매는 지름 15～20밀리미터 정도로 큰 편이다.

잎 양면에는
털이 없다.

굳은씨열매의 끝은
뾰족하거나 둥글다.

열매자루에는
털이 없다.

열매의 지름은
약 15～20
밀리미터로
큰 편이다.

꽃잎 끝은 오목하다.

꽃의 지름은
약 25~30센티미터다.

암술대와
씨방에는
털이 없다.

꽃받침 조각이 뒤로
젖혀지는 특징이 있다.

뒤로 젖혀진다.

작은꽃자루에
털이 없다.

샘물질

잎자루에
털이 없다.

잎은 길이 8~15센티미터,
폭 4~9센티미터 정도다.

잎은 어긋나게 달리고
길둥근꼴이다.

잎 가에 뾰족한
톱니가 있다.

어린 가지에는
털이 없다.

약 15~20미터
높이로 자라는
갈잎큰키나무다.

301
장미과

꽃대축

꽃대축이 발달하며
편평꽃차례를 이룬다.

잎 양면에 털이 없다.

벗나무

[벗나무 · 참벗나무]

Prunus serrulata var. spontanea

―

잎 양면에 털이 없다. 꽃은 2~5개가 모여 나며 꽃대축이 길어진다. 꽃받침통과
작은꽃자루에 털이 없다. 암술대와 씨방에 털이 없다.

굵은씨열매의
열매자루축이 길다.

열매자루에는
털이 없다.

꽃은 잎과
동시에 핀다.

열매자루

열매자루축

꽃은 거의
흰색으로
4월에 핀다.

암술대

씨방

암술대와
씨방에
털이 없다.

꽃받침통과
작은꽃자루에
털이 없다.

꽃받침통

작은꽃자루

샘물질

잎자루에
털이 없다.

잎은 길이 8~12센티미터,
폭 3~4센티미터 정도다.

잎은 어긋나게 달리고
달걀꼴~긴 길둥근꼴이다.

잎 가에 침 모양의
겹톱니가 있다.

턱잎

샘물질

잎자루

어린 가지에는
털이 없다.

약 15~20미터
높이로 자라는
갈잎큰키나무다.

벚나무

꽃은 편평꽃차례 또는
우산꽃차례에 2~5개씩 달린다.

잎 양면에 털이 있다.

사옥

Prunus serrulata var. quelpaertensis

—

꽃은 연한 홍색과 백색의 꽃이 함께 핀다. 작은꽃자루에 잔털이 있으며 꽃대축에
포엽이 있다.

포엽

열매자루축(과경축)에
포엽이 남아있다.

포엽

털

열매는 6~7월에
붉은색에서
검은색으로 익는다.

잎에는 잔톱니 또는
겹톱니가 있고
끝이 짧게 뾰족하다.

꽃은 연한 홍색과
흰색의 꽃이 함께 핀다.
꽃의 지름은 약 25밀리미터다.

암술대에
털이 없다.

씨방에
털이 없다.

꽃대축에
포엽이 있다.

작은꽃자루에
잔털이 있다.

샘물질

잎자루에 털

잎의 길이는
약 6~12센티미터다.

잎은 어긋나게 달리며,
달걀꼴이다.

포엽

꽃대축에
포엽이 있다.

턱잎

어린 가지에
약간의 털이 있다.

약 20미터
높이로 자라는
갈잎큰키나무다.

꽃대축

꽃대축이 발달하여
편평꽃차례를 이룬다.

잎 뒷면에 털은 점차 없어져
맥 위에만 남는다.

잔털벚나무

Prunus serrulata var. pubescens

—

잎 뒷면에 털은 점차 없어져 맥 위에만 남는다. 꽃은 2~3개가 모여 나며 꽃대축
이 길어진다. 꽃받침통에 털이 없고 작은꽃자루에 털이 있다. 암술대와 씨방에
털이 없다.

열매자루에
털이 있다.

열매자루

열매자루축이
길다.

굵은씨열매는 6월에
검은색으로 익는다.

연한 홍색꽃

꽃은 연한
홍색~흰색으로
4월에 핀다.

암술대 ─○

씨방 ─○

암술대와
씨방에
털이 없다.

꽃받침통 ─○

꽃받침통에 털이 없고
작은꽃자루에 털이 있다.

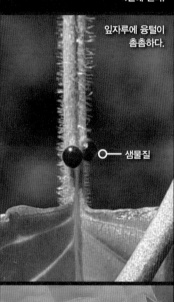

잎자루에 융털이
촘촘하다.

○─ 샘물질

잎은 길이 5~8센티미터,
폭 3~4센티미터 정도다.

잎은 어긋나게 달리고
달걀꼴이다.

잎 가에 뾰족한
겹톱니가 있다.

어린 가지에는
털이 없다.

○─ 잎자루

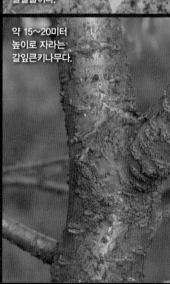

약 15~20미터
높이로 자라는
갈잎큰키나무다.

꽃대축 ─○

꽃은 2~3개가 모여 나며
꽃대축이 짧다.

털벚나무
Prunus serrulata var. tomentella
—

잎 표면에 털이 없거나 있고, 뒷면 맥 위에 털이 있다. 잎자루의 길이는 약 2~3
센티미터이며 융털과 샘물질이 있다. 꽃은 2~3개가 모여 나며 꽃대축이 짧
다. 꽃받침통에 털이 없고, 작은꽃자루에 털이 촘촘하다. 암술대와 씨방에 털이
없다.

잎 뒷면 맥 위에
털이 있다.

잎 가에 예리한
겹톱니가 있다.

열매자루에
털이 있다.

짧은 열매자루축 ─○

열매자루축이 짧고
6월에 검은색으로 익는다.

꽃은 연한 홍색으로 피지만
가끔 흰색 꽃도 있다.

암술대

씨방

암술대와 씨방에
털이 없다.

작은꽃자루

꽃받침통

꽃받침통에
털이 없고,
작은꽃자루에
털이 촘촘하다.

잎자루에
융털이 많다.

잎은 길이 8~12센티미터,
폭 4~7센티미터 정도다.

잎은 어긋나게 달리고
달걀꼴~달걀 같은 길둥근꼴이다.

꽃은 2~3개가
모여 난다.

턱잎

샘물질

잎자루

어린 가지에는
털이 없다.

약 15~20미터
높이로 자라는
갈잎큰키나무다.

꽃은 2~3개가 모여 나며
꽃대축은 길어진다.

꽃대축

개벚나무

[분홍벚나무]

Prunus verecunda

—

잎 양면에 털이 약간 있지만 점차 없어진다. 잎자루의 길이는 약 11~18밀리미터이며 털이 거의 없다. 꽃은 2~3개가 모여 나며, 꽃대축은 길어진다. 꽃받침통과 작은꽃자루에 털이 없다. 암술대가 수술보다 길어서 수술 위로 솟는 특징이 있다.

잎 양면에는 털이 약간 있지만
점차 없어진다.

굳은씨열매는 6월에
검은색으로 익는다.

열매자루축

열매자루에는
털이 없다.

잎 가에
겹톱니가 있다.

암술이
수술보다
길다.

꽃은
도홍색~홍백색으로
4월에 핀다.

암술대가 수술보다 길어서
수술 위로 솟는 특징이 있다.

꽃받침통

꽃받침통과
작은꽃자루에
털이 없다.

잎자루

샘물질

잎자루에 털이
거의 없다.

잎은 길이 5~8센티미터,
폭 2~4센티미터 정도다.

잎은 어긋나게 달리고
달걀꼴~거꿀달걀꼴이다.

꽃대축

꽃대축은
점차 길어진다.

어린 가지에는
털이 없다.

턱잎

약 15미터
높이로 자라는
갈잎큰키나무다.

암술이 길다.

수술대가
분홍색이다.

꽃대축은 없거나
꽃싸개 밖으로 나오지 못한다.

잎 표면에 털이 없고
뒷면 맥 위에 털이 있다.

꽃벚나무

Prunus serrulata var. sontagiae

—

개벚나무에 비해 작은꽃자루와 잎자루에 잔털이 있다. 털개벚나무에 비해 수술
대가 분홍색이다.

열매자루축이
거의 없다.

열매자루에
털이 있다.

열매자루축

잎 가에
겹톱니가 있다.

깊이 파인다.

꽃은 연한 분홍색이고
꽃잎 끝은 깊이 파인다.

수술대의 색깔
꽃벚나무: 분홍
털개벚나무: 흰색

수술보다
긴 암술

분홍색

꽃받침통에
털이 없다.

작은꽃자루에
털이 있다.

샘물질

잎자루에
털이 있다.

잎은 길이 5~8센티미터,
폭 2~4센티미터 정도다.

잎은 어긋나게 달리고
달걀꼴~거꿀달걀꼴이다.

꽃대축이
거의 없다.

어린 가지에는
털이 없다.

턱잎

약 15미터
높이로 자라는
갈잎큰키나무다.

암술이
수술보다 길다.

작은꽃자루에
털이 있다.

꽃대축이 짧다.

꽃은 잎과
동시에 핀다.

순백색

긴 암술

짧은 꽃대축

털

잎 표면에 털이 거의 없고,
뒷면 중심맥에 털이 촘촘하다.

털개벚나무

Prunus leveilleana var. pilosa

—

개벚나무에 비해 작은꽃자루와 잎자루에 털이 많다. 꽃벚나무에 비해 수술대가
흰색이어서 꽃이 순백색으로 핀다.

굵은씨열매는 6월에
검은색으로 익는다.

열매자루축이
짧은 편이다.

열매자루에는
털이 있다.

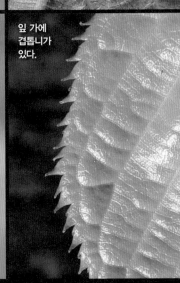

잎 가에
겹톱니가
있다.

오목하다.

꽃은 순백색이고
꽃잎 끝은 오목하다.

수술대의 색깔
털개벚나무: 흰색
꽃벚나무: 분홍

수술보다
긴 암술

수술대는
순백색

작은꽃자루에 털
털개벚나무: 있다.
개벚나무: 없다.

꽃받침통

작은꽃자루

잎자루에
털이 촘촘하다.

샘물질

잎은 길이 5~8센티미터,
폭 2~4센티미터 정도다.

잎은 어긋나게 달리고
달걀꼴~길둥근꼴이다.

꽃은 2~3개씩
모여 핀다.

어린 가지에는
털이 없다.

약 15미터
높이로 자라는
갈잎큰키나무다.

꽃대축이
거의 없다.

잎 양면에 털이 거의 없다.

신양벚나무

[큰양벚나무]

Prunus cerasus

—

양벚나무에 비해 꽃받침조각이 뒤로 젖혀지지 않는다. 암술대와 씨방에 털이 없고 작은꽃자루에 털이 있다. 열매의 지름은 약 25밀리미터이고 5월에 황적색으로 익으며 맛이 달다.

굳은씨열매는 5월에
황적색으로 익으며 맛이 달다.

열매자루에
털이 있다.

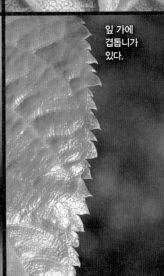

잎 가에
겹톱니가
있다.

꽃의 지름은
약 25~30밀리미터다.

작은꽃자루

작은꽃자루에 털
신양벚: 있다.
양벚나무: 없다.

꽃받침조각은
젖혀지지 않는다.

샘물질

잎자루에
털이 없거나
약간 있다.

잎은 길이 8~15센티미터,
폭 5~7센티미터 정도다.

잎은 어긋나게 달리고
달걀꼴~거꿀달걀꼴이다.

암술대, 씨방에
털이 없고
작은꽃자루에
털이 있다.

작은꽃자루에
털이 있다.

어린 가지에
털이 없다.

턱잎

약 10미터
높이로 자라는
갈잎큰키나무다.

꽃대축이 없어
우산꽃차례처럼 보인다.

잎 표면에 털이 없고

뒷면에 긴 털이 약간 있다.

양벚나무

[단벚나무]

Prunus avium

—

신양벚나무에 비해 꽃받침조각이 뒤로 젖혀진다. 암술대와 씨방, 작은꽃자루
에 털이 없다. 열매의 지름은 약 25밀리미터이고 6월에 황적색으로 익으며 맛이
달다.

열매자루에
털이 없다.

잎 가에 둔한
겹톱니가 있다.

굵은씨열매의 지름은
약 25밀리미터이고
6월에 황적색으로
익으며 맛이 달다.

꽃의 지름은
약 25~30밀리미터다.

작은꽃자루에 털
양벚나무: 없다.
신양벚나무: 있다.

털이 없다.

꽃받침조각은
양벚나무: 젖혀진다.
신양벚나무: 젖혀지지 않는다.

젖혀진다.

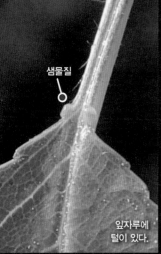

샘물질

잎자루에
털이 있다.

잎은 길이 8~15센티미터,
폭 5~7센티미터 정도다.

잎은 어긋나게 달리고
달걀꼴~거꿀달걀꼴이다.

암술대, 씨방,
작은꽃자루에
털이 없다.

어린 가지에는
털이 없다.

턱잎

약 10미터
높이로 자라는
갈잎큰키나무다.

양벚나무

꽃은 4월에
흰색으로 핀다.

잎 표면에 털은 점차 없어지고

열녀목

[열려수 · 열여목]

Prunus salicina var. columnaris

—

가지가 위로 곧추 서기 때문에, 나무 모양은 폭이 좁고 키만 높게 기둥처럼 자란다. 암술대와 씨방에 털이 없다. 잎자루의 길이는 약 1~2센티미터이고 2~5개의 샘물질이 있다.

뒷면에 털은 없어지거나
잎줄겨드랑이에만 약간 남는다.

굳은씨열매의 지름은 3센티미터
정도이며 여름에 노란색으로 익는다.

암술과 수술은
길이가 비슷하다.

암술

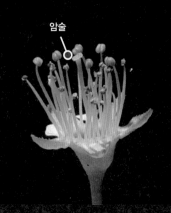

꽃받침조각에 톱니가
약간 있다.

꽃받침
조각

꽃은 1~3개가
모여서 핀다.

꽃의 지름은
약 20~22밀리미터다.

암술대와
씨방에는
털이 없다.

2~5개의
샘물질이 있다.

잎은 길이 5~10센티미터,
폭 2~4센티미터 정도다.

잎은 어긋나게 달리고
긴 거꿀달걀꼴 또는
길둥근 모양의 긴 달걀꼴이다.

잎 가장자리에
둔한 톱니가 있거나
간혹 겹톱니가 있다.

어린가지는
녹갈색이며
털이 없다.

약 10미터
높이로 자라는
갈잎작은키나무다.

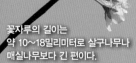

꽃자루의 길이는
약 10~18밀리미터로 살구나무나
매실나무보다 긴 편이다.

잎 양면에는
털이 거의 없다.

자두나무

[자도나무 · 오얏나무]

Prunus salicina

―

오래된 줄기는 불규칙하게 울퉁불퉁해진다. 꽃자루의 길이는 약 10~18밀리미
터로 살구나무나 매실나무보다 긴 편이다. 씨방과 작은 꽃자루에 털이 없다. 꽃
받침조각은 녹색이며 뒤로 젖혀지지 않는다. 열매의 지름은 약 3~5센티미터로
큰 편이다. 열매에 털이 없으며 6~7월에 붉은색으로 익는다.

굳은씨열매는
지름 3~5센티미터
정도로 큰 편이며
열매에 털이 없다.

열매는 6~7월에
붉은색으로 익는다.

4월에 꽃이
활짝 핀 모습

꽃은 지름
15~22밀리미터 정도다.

씨방에 털
자두나무: 없다.
살구나무: 있다.
매실나무: 있다.

씨방에
털이 없다.

꽃받침의 색깔
자두나무: 녹색
살구나무: 적자색
매실나무: 적자색

샘물질

잎자루에
털이 없으며
샘물질이 있다.

잎은 길이 5~12센티미터,
폭 2~4센티미터 정도다.

잎은 어긋나게 달리고
길둥근 모양의 긴 달걀꼴이다.

턱잎은 바늘꼴이며
톱니가 있다.

턱잎

어린가지는
적갈색이다.

오래된 줄기는
불규칙하게
울퉁불퉁해진다.

약 7~10미터
높이로 자라는
갈잎큰키나무다.

꽃은 4월에
잎보다 먼저 핀다.

잎 양면에는
털이 없다.

살구나무

[살구]

Prunus armeniaca var. ansu

—

개살구에 비해 나무껍질에 코르크가 발달하지 않는 특징이 있다. 씨방에 털이 있고, 꽃받침조각은 뒤로 젖혀진다. 꽃자루가 아주 짧아서 꽃은 작년 가지에 거의 붙어 있다. 매실에 비해 씨앗에 붙어있는 열매살이 잘 떨어진다.

열매는 7월에
노란색으로 익는다.

굳은씨열매의 지름은
약 3센티미터다.

매실에 비해 씨앗에 붙어있는
열매살이 잘 떨어진다.

꽃의 지름은
약 3~4센티미터다.

씨방에 털

꽃받침조각은
젖혀진다.

꽃자루가
거의 없다.

샘물질

잎은 길이 6~8센티미터,
폭 4~7센티미터 정도다.

잎은 어긋나게 달리고 넓은 길둥근꼴
또는 넓은 달걀꼴이다.

잎자루의 길이는
약 20~35밀리미터이고
샘물질이 있다.

샘물질

어린 가지는
적갈색이다.

약 5~7미터
높이로 자라며
개살구에 비해
나무껍질에
코르크가
발달하지 않는다.

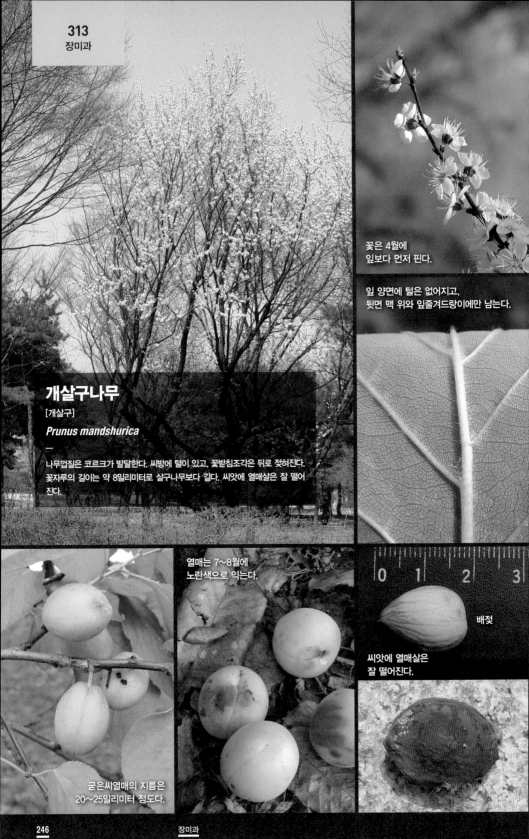

개살구나무

[개살구]

Prunus mandshurica

—

나무껍질은 코르크가 발달한다. 씨방에 털이 있고, 꽃받침조각은 뒤로 젖혀진다. 꽃자루의 길이는 약 8밀리미터로 살구나무보다 길다. 씨앗에 열매살은 잘 떨어진다.

꽃은 4월에 잎보다 먼저 핀다.

잎 양면에 털은 없어지고, 뒷면 맥 위와 잎줄겨드랑이에만 남는다.

열매는 7~8월에 노란색으로 익는다.

굳은씨열매의 지름은 20~25밀리미터 정도다.

배젖

씨앗에 열매살은 잘 떨어진다.

꽃의 지름은
약 25~30밀리미터이고
거의 흰색이다.

암술대 아래쪽과
씨방에 털이 있다.

꽃받침은
뒤로 젖혀진다.

꽃자루의 길이는 약 8밀리미터로
살구나무보다 길다.

샘물질

잎의 길이는
약 5~12센티미터다.

잎은 어긋나게 달리고 넓은 길둥근꼴
또는 넓은 달걀꼴이다.

4월,
꽃이 활짝 핀 모습

어린가지는
밤색이고
털이 없다.

약 5~10미터
높이로 자라는
갈잎큰키나무이며,
나무껍질에
코르크가 발달한다.

꽃자루가
길다. ━━●

꽃자루의 길이는
약 8밀리미터로 길다.

잎 뒷면 맥 위에
털이 촘촘한 특징이 있다.

털개살구
Prunus mandshurica f. barbinervis
—
개살구나무에 비해 잎자루와 잎 뒷면 맥 위에 털이 촘촘한 특징이 있다.

꽃은 4월에 잎보다
먼저 핀다.

열매는 7~8월에
노란색으로 익는다.

굳은씨열매의 지름은
약 20~25밀리미터다.

꽃은 거의
흰색이다.

암술대와
씨방에
털이 있다.

꽃자루가
길다.

꽃받침잎은
뒤로 젖혀진다.

샘물질

잎자루

잎자루에
털이 촘촘하다.

잎의 길이는
약 5~12센티미터다.

잎은 어긋나게 달리고
넓은 길둥근꼴 또는 넓은 달걀꼴이다.

턱잎은 바늘꼴이며,
가장자리에
샘점이 있다.

턱잎

어린가지는
적자색이고
털이 없다.

약 5~10미터
높이로 자라는
갈잎큰키나무며,
나무껍질에
코르크가 발달한다.

꽃은 4월에
잎보다 먼저 핀다.

잎 뒷면
잎줄겨드랑이에
털이 있다.

흰만첩매실

[만첩흰매실]

Prunus mume f. alboplena

—

흰매실나무에 비해 꽃은 흰색 겹꽃이며 향기가 강하다.

굵은씨열매의 지름은
약 2~3센티미터다.

열매는 7월에
노란색으로 익는다.

잎자루에
털이 있다.

흰색의 겹꽃은
향기가 강하다.

암술대와
씨방에
털이 있다.

꽃받침잎은
젖혀지지 않는다.

턱잎 ─○

잎의 길이는
약 4~10센티미터다.

잎은 어긋나게 달리고
달걀꼴 또는 넓은 달걀꼴이다.

수술

어린 가지는
녹색이며 털이 없다.

약 5~6미터
높이로 자라는
갈잎작은키나무다.

흰만첩매실

251

꽃은 흰색으로
3~4월에
잎보다 먼저 핀다.

흰매실나무
Prunus mume for. alba
—

살구나무에 비해 꽃받침조각은 젖혀지지 않으며, 꽃자루의 길이는 1~5밀리미터
정도다. 잎 양면에 약간의 털이 있고, 뒷면 잎줄겨드랑이에 털이 있다. 살구와는
달리 씨앗에 열매살이 잘 떨어지지 않는다. 줄기가시가 날카롭다.

잎줄겨드랑이

잎 양면에 약간의 털이 있고
뒷면 잎줄겨드랑이에 털이 있다.

살구와는 달리
씨앗에 열매살이
잘 떨어지지 않는다.

굳은씨열매의 지름은
약 2~3센티미터다.

열매는 7월에 녹색에서
황록색으로 익는다.

꽃의 지름은
약 25밀리미터다.

씨방에
흰색 털이
촘촘하다.

꽃받침조각은
젖혀지지 않는다.

잎의 길이는
약 4~10센티미터다.

잎은 어긋나게
달리고
달걀꼴 또는
길둥근꼴이다.

샘물질

잎자루에 털

잎자루에
털이 있고
샘물질이 있다.

줄기가시

어린 가지에는
털이 없다.

잎자루

줄기가시가
날카롭다.

약 6미터
높이로 자라는
갈잎작은키나무다.

꽃은 3월에 흰색 또는
엷은 붉은색(담홍색)으로
잎보다 먼저 핀다.

매실나무

[매화나무]

Prunus mume

꽃은 3월에 흰색 또는 엷은 붉은색(담홍색)으로 잎보다 먼저 핀다. 꽃받침조각은
젖혀지지 않는다. 잎 양면에 약간의 털이 있으며 뒷면 맥 위에 흰색 털이 있다. 어
린 가지는 녹색이며 털이 없다.

잎 양면에 털이 약간 있으며
뒷면 맥 위에 흰색 털이 있다.

굳은씨열매의 지름은
약 2~3센티미터다.

3월, 꽃이
활짝 핀 모습

나무 모양

꽃의 지름은
약 25밀리미터다.

암술대 아래쪽과
씨방에 털이 있다.

꽃받침조각은
젖혀지지 않는다.

턱잎

잎의 길이는
약 4~10센티미터다.

잎은 어긋나게 달리며
달걀꼴 또는 길둥근꼴이다.

잎 가에
날카로운
톱니가 있다.

어린 가지는
녹색이며
털이 없다.

약 4~6미터
높이로 자라는
갈잎작은키나무다.

매실나무

꽃은 4월에 잎보다
먼저 핀다.

잎 양면에는 털이 있다.

홍만첩매실

[만첩홍매실]
—
Prunus mume f. alphandi

매실나무에 비해 꽃은 옅은 분홍색의 겹꽃이며 향기가 강하다. 꽃자루는 거의
없고 씨방에 털이 촘촘하다. 잎 양면과 잎자루에 털이 있다.

굳은씨열매의 지름은
약 2~3센티미터다.

열매는 7월에
노란색으로 익는다.

꽃은 향기가
강하다.

암술대 아래쪽과
씨방에 털이 많다.

꽃받침조각은 대부분
젖혀지지 않지만,
젖혀지는 것도 있다.

꽃은 옅은
분홍색의
겹꽃이다.

잎자루에는
털이 있다.

잎은 어긋나게 달리고
달걀꼴 또는 넓은 달걀꼴이다.

잎의 길이는
약 4~10센티미터다.

턱잎

4월, 꽃이
활짝 핀 모습

어린가지에
잔털이 있거나
없다.

약 5미터
높이로 자라는
갈잎작은키나무다.

쌍성꽃은 3월에
잎보다 먼저 핀다.

잎 양면에는
털이 없다.

홍매화

[매실나무 '베니치도리' · 홍매실나무]
Prunus mume 'Beni~chidori'
—
꽃잎이 5개인 홑꽃이며 붉은색이다. 잎 양면에 털이 없다.

굳은씨열매는
융털로 덮여있다.

열매의 지름은 약 2~3센티미터이며
6월에 노란색으로 익는다.

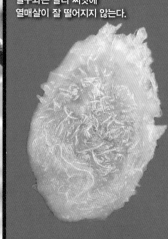

살구와는 달리 씨앗에
열매살이 잘 떨어지지 않는다.

꽃잎이 5개인 홀꽃이며
붉은색으로 핀다.

암술대
아래쪽에
털이 있다.

씨방에
흰색 털이
촘촘하다.

꽃받침조각은 5개이며
젖혀지지 않는다.

○— 턱잎

턱잎은 바늘꼴이고
잎자루에
약간의 털이 있다.

잎은 길이 3~9센티미터,
폭 1~2센티미터 정도다.

잎은 어긋나게 달리고
달걀꼴 또는 길둥근꼴이다.

암술은 1개

햇가지는
녹색이며
털이 없다.

약 1.5~2.5미터
높이로 자라는
갈잎작은키나무다.

꽃은 4월에 잎과
동시에 핀다.

잎 표면에 털이 없고

뒷면에 털은 곧 없어진다.

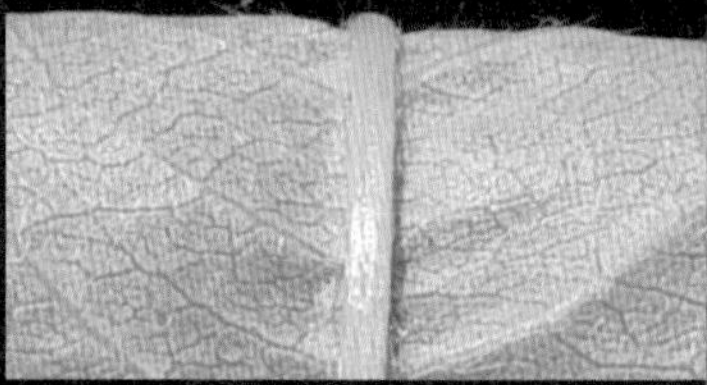

만첩백도

Prunus persica f. alboplena

—

복사나무에 비해 흰색 겹꽃이 핀다.

굳은씨열매의 지름은
약 5센티미터다.

열매는 8월에
등황색으로 익는다.

4월, 꽃 핀 모습

꽃의 지름은
약 25~33밀리미터이며
흰색 겹꽃이 핀다.

씨방에
털이 많다

꽃받침

샘물질

잎자루에
털이 없다.

턱잎

잎의 길이는 약 7~15센티미터다.

잎은 어긋나게 달리고
바소꼴~거꿀달걀꼴이다.

약 6미터
높이로 자라는
갈잎작은키나무다.

암술대 아래쪽과
씨방에 털이 있다.

어린 가지에는
털이 없다.

만첩백도

꽃은 4월에
잎과 동시에 핀다.

잎 표면에 털이 없고

뒷면의 털은 곧 없어진다.

만첩홍도

Prunus persica f. rubroplena

—

복사나무에 비해 붉은색 겹꽃이 핀다.

굳은씨열매의 지름은
약 5센티미터다.

열매는 8월에
등황색으로 익는다.

암술과 수술

꽃의 지름은
약 25~33밀리미터다.

암술

암술은
2~6개다.

꽃받침조각에
털이 많다.

잎자루에
털이 없다.

샘물질

잎은 길이 7~15센티미터,
폭 20~35밀리미터 정도다.

잎은 어긋나게 달리고
바소꼴~거꿀달걀꼴이다.

암술대 아래쪽에
털이 있다.

어린 가지에는
털이 없다.

약 6미터
높이로 자라는
갈잎작은키나무다.

만첩홍도

쌍성꽃은 작년가지에
1~2개씩 달린다.

잎 양면에 털이 거의 없다.

복사나무

[복숭아나무]

Prunus persica

—

잎은 길이 8~15센티미터, 폭 15~35밀리미터 정도로 좁고 길다. 꽃의 지름은 약 20~33밀리미터이며 연한 분홍색으로 4~5월에 핀다. 씨방과 암술대 아래쪽에 털이 촘촘하다. 굳은씨열매의 지름은 약 3~7센티미터다. 씨앗에서 열매살이 잘 떨어지지 않는다.

굳은씨열매의 지름은
약 3~7센티미터다.

열매는 8월에
등황색으로 익는다.

꽃자루가
거의 없다.

꽃의 지름은
약 20~33밀리미터다.

씨방에
털이 많다.

꽃받침조각에
털이 많다.

샘물질

잎자루에
털이 없다.

잎은 길이 8~15센티미터,
폭 15~35밀리미터 정도다.

잎은
어긋나게 달리고
바소꼴이다.

암술대와
씨방에 털이
촘촘하다.

어린 가지에는
털이 없다.

턱잎

약 6~8미터
높이로 자라는
갈잎작은키나무다

복사나무

265

복사나무에 비해
꽃자루가 길다.

잎 뒷면에 잔털이
약간 있거나 없다.

산복사나무

[개복숭아 · 산복사 · 산복숭아나무]

Prunus davidiana

—

복사나무에 비해 열매의 지름이 3센티미터 정도로 작으며 꽃자루가 복사나무보다 길다. 꽃받침조각에 털이 복사나무보다 적은 편이다.

열매의 지름
산복사: 3센티미터 정도
복사나무: 5센티미터 정도

굳은씨열매는 8월에
등황색으로 익는다.

꽃자루가 복사나무보다
긴 편이다.

꽃의 지름은
약 20~30밀리미터이며
연한 분홍색이다.

암술대 아래쪽과
씨방에 털이 있다.

꽃받침조각에
털이 복사나무보다
적은 편이다.

샘물질

잎자루에
털이 없다.

잎의 길이는
약 7~12센티미터다.

잎은
어긋나게 달리고
바소꼴이다.

잎 가장자리에
잔 톱니가 있다.

어린 가지에는
털이 없다.

턱잎

약 150~
450센티미터
높이로
자라는
갈잎작은
키나무다.

우산꽃차례에
1~4개의
꽃이 달린다.

잎 뒷면 맥 위에
잔털이 약간 있다.

이스라지

[물앵두 · 이스라지나무]

Prunus japonica var. nakaii

—

산이스라지에 비해 잎자루의 길이는 약 3~5밀리미터로 긴 편이다. 작은 꽃자루
에 털이 있거나 없으며 길이가 약 15~22밀리미터로 산이스라지보다 긴 편이다.

열매는 7월에
붉은색으로 익는다.

작은 꽃자루가
긴 편이다.

굳은씨열매의 지름은
약 10~12밀리미터다.

꽃은 연한
홍색~흰색으로 핀다.

암술대에
털이 있다.

씨방에
털이 없다.

작은 꽃자루가
산이스라지보다
길다.

암술대

작은 꽃자루의 길이
이스라지: 15~22밀리미터
산이스라지: 10밀리미터

턱잎

잎자루는
산이스라지보다
길다.

잎자루의 길이
이스라지: 3~5밀리미터
산이스라지: 2~3밀리미터

잎은 길이 3~6센티미터,
폭 20~25밀리미터 정도다.

잎은 어긋나게 달리고
달걀 같은 바소꼴~긴 길둥근꼴이다.

꽃받침조각은
뒤로 젖혀진다.

작은 꽃자루에
털이 있거나 없다.

어린 가지에는
털이 없다.

약 100~150센티미터
높이로 자라는
갈잎떨기나무다.

우산꽃차례에 2~4개의
꽃이 달린다.

잎 표면에 털이 없고
뒷면 맥 위에 잔털이 약간 있다.

산이스라지

[산앵두나무]

Prunus ishidoyana

—

이스라지에 비해 작은 꽃자루에 털이 없으며 길이가 약 10밀리미터로 짧다. 잎자루의 길이는 약 2~3밀리미터로 짧다. 열매의 한 쪽 끝이 길게 뾰족하다.

굳은씨열매의 지름은
약 17밀리미터이고,
7월에 붉은색으로 익는다.

열매의 끝이
길게 뾰족하다.

씨앗의 한쪽 끝이
길게 뾰족하다.

꽃은 연한
홍색~흰색으로 핀다.

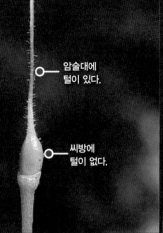

암술대에
털이 있다.

씨방에
털이 없다.

작은
꽃자루가
짧다.

작은 꽃자루의 길이
이스라지: 15~22밀리미터
산이스라지: 10밀리미터

잎자루의 길이는
약 2~3밀리미터이고
턱잎은 줄꼴이다.

잎자루가
짧다.

턱잎

잎은 길이 3~6센티미터,
폭 20~25밀리미터 정도다.

급하게
뾰족하다.

잎은 어긋나게 달리고 달걀 같은
바소꼴~긴 길둥근꼴이다.

꽃받침조각은
뒤로 젖혀진다.

작은 꽃자루에
털이 없다.

작은 꽃자루에 털
이스라지: 있다.
산이스라지: 없다.

어린 가지에는
털이 없다.

약 100센티미터
높이로 자라는
갈잎떨기나무다.

산이스라지

우산꽃차례에
1~4개의 꽃이
달린다.

잎 뒷면 맥 위에
털이 많은 특징이 있다.

털이스라지

Prunus japonica f. rufinervis

—

이스라지에 비해 잎 뒷면 맥 위에 털이 많은 특징이 있다.

굳은씨열매의 지름은
약 12밀리미터다.

씨앗의 양 끝이 뾰족하다.

열매는 7월에
붉은색으로 익는다.

꽃은 연한
홍색~흰색으로 핀다.

암술대에
털이 있다.

씨방에
털이 없다.

작은 꽃자루에
털이 없다.

작은 꽃자루의
길이는 약 15~22밀리미터다.

잎은 길이 3~6센티미터,
폭 20~25밀리미터 정도다.

잎자루의 길이는
약 3~5밀리미터이고
턱잎은 줄꼴이다.

잎은 어긋나게 달리고
달걀 같은 바소꼴~긴 길둥근꼴이다.

잎 표면에는
털이 있다.

어린 가지에는
털이 없다.

약 100센티미터
높이로 자라는
갈잎떨기나무다.

산옥매
[산매]

Prunus glandulosa
—

잎은 길이 3~7센티미터, 폭 1~2센티미터 정도로 좁고 길다. 바늘꼴의 턱잎은 열매가 익을 때까지 남아 있다. 산이스라지에 비해 굳은씨열매의 지름은 약 10~13밀리미터로 작다.

쌍성꽃은 연한 홍색~흰색으로 4월에 핀다.

잎 표면에 털이 없고 뒷면에 잔털이 있거나 없다.

굳은씨열매의 지름은 약 10~13밀리미터이고 털이 없다.

씨앗의 길이는 약 7밀리미터다.

열매는 7월에 붉은색으로 익는다.

암술은
수술보다
약간 길다.

암술 ⊸○

암술대, 씨방,
작은 꽃자루에
털이 없다.

암술대 ⊸○

씨방 ⊸○

작은 꽃자루 ⊸○

꽃의 지름은
약 15~20밀리미터다.

잎은 어긋나게 달리고
바소꼴~좁은 길둥근꼴이다.

턱잎 ⊸○

잎자루 ⊸○

잎은 길이
3~7센티미터,
폭 1~2센티미터
정도다.

잎자루의 길이는
약 4~6밀리미터이고
약간의 털이 있다.

꽃은 잎과
동시에 핀다.

약 1.5미터
높이로 자라는
갈잎떨기나무다.

어린 가지에는
털이 없다.

산옥매

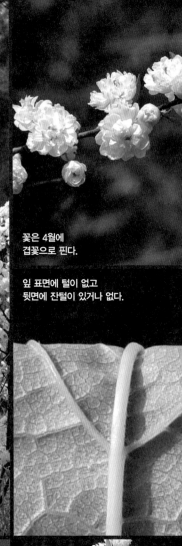

꽃은 4월에
겹꽃으로 핀다.

잎 표면에 털이 없고
뒷면에 잔털이 있거나 없다.

옥매
[백매 · 흰옥매 · 만첩옥매]
—
Prunus glandulosa f. albiplena

산옥매에 비해 꽃은 흰색의 겹꽃이며 4월에 핀다. 꽃은 줄기를 감싸듯 다닥다닥
붙어 가득히 핀다.

꽃이 진 후
남은 꽃받침

노란색의
꽃밥

흰색의
수술대

열매를
맺지
못한다.

꽃은 다닥다닥
붙어 핀다.

꽃은 흰색이며 암술과
수술이 거의 보이지 않는다.

꽃밥

수술대

암술

수술대는
꽃잎에
붙어 있다.

꽃받침

턱잎

잎자루

잎자루는
길이 4~6밀리미터
정도이고 털이 없다.

잎은 길이 3~9센티미터,
폭 1~2센티미터 정도다.

잎은 어긋나게 달리고
바소꼴~좁은 길둥근꼴이다.

해마다 땅에서
새로운 가지가
많이 나온다.

어린 가지에는
털이 없다.

턱잎

약 1.5미터
높이로 자라는
갈잎떨기나무다.

옥매

꽃은 5월에
분홍색으로
핀다.

홍매

[홍옥매·분홍매]

Prunus glandulosa 'Sinensis'

—

옥매와 달리 꽃은 분홍색 겹꽃이 빽빽하다.

잎 뒷면 맥 위에
털이 있거나 없다.

열매를 맺지 못한다.

꽃의 지름은 약 3센티미터다.

넓은 바소꼴의 잎

꽃은 겹꽃이다.

작은 꽃자루가 짧다.

꽃은 다닥다닥
붙어 촘촘하게 핀다.

잎의 길이는
약 10센티미터다.

잎은 어긋나게 달리고
바소꼴~넓은 바소꼴이다.

잎자루에
약간의
털이 있다.

꽃봉오리

턱잎

어린 가지에는
털이 없다.

약 120~150센티미터
높이로 자라는
갈잎떨기나무다.

홍매

쌍성꽃은 연한
홍색~흰색으로
1~2개씩 달린다.

잎 표면에 잔털이 있고,

뒷면에 융털이 촘촘하다.

앵도나무

[앵두나무]

Prunus tomentosa

—

어린 가지에 융털이 촘촘하다. 잎 표면에 잔털이 있고, 뒷면에 융털이 촘촘하다.
쌍성꽃은 연한 홍색~흰색으로 1~2개씩 달린다. 굳은씨열매의 지름은 약 5~12
밀리미터이고, 꽃자루가 거의 없다.

열매는 5~6월에
붉은색으로 익는다.

굳은씨열매의 지름은
약 5~12밀리미터이고
털이 있다.

씨앗의 길이는
약 12밀리미터다.

꽃받침통은
둥근기둥꼴이고,
꽃자루가
거의 없다.

꽃의 지름은
약 15~20밀리미터다.

수술대

꽃받침조각

턱잎

잎자루

잎자루에 융털이 많으며
턱잎에도 털이 있다.

잎은 길이 4~7센티미터,
폭 3~4센티미터 정도다.

잎은 어긋나게 달리고
달걀 같은 길둥근꼴이다.

암술대에
털이 있다.

씨방에
털이 있다.

어린 가지에
융털이 촘촘하다.

약 2~3미터
높이로 자라는
갈잎떨기나무다.

꽃은 1~2개가
잎겨드랑이에 달린다.

잎 양면에 털이 많다가 없어진다.

풀또기
[절엽유엽매]
Prunus triloba var. truncata
—

산옥매에 비해 씨방과 열매에 털이 촘촘하다. 잎은 거꿀달걀꼴~뒤집힌 삼각형
이다. 잎 양면에 털이 많다가 점차 없어진다. 잎자루의 길이는 약 5밀리미터이
고 잎 밑에 샘물질이 있다. 어린 가지에는 털이 있다. 굳은씨열매의 지름은 약
10~15밀리미터로 산옥매보다 약간 크다.

열매는 7월에
붉은색으로 익는다.

꽃봉오리

굳은씨열매의 지름은
10~15밀리미터 정도이고
연한 갈색 털로 덮인다.

꽃잎의 숫자
풀또기: 5개
만첩풀또기: 많다

꽃자루가
거의 없고
꽃받침통은
종 모양이다.

암술대에
털이 없고
씨방에 털이
촘촘하다.

암술대

씨방

샘물질

잎자루의 길이는
약 5밀리미터이고
잎 밑에 샘물질이 있다.

잎은 길이 3~6센티미터,
폭 2~5센티미터 정도다.

잎은 어긋나게 달리고
거꿀달걀꼴~뒤집힌 삼각형이다.

암술과 수술은
길이가 비슷하다.

턱잎

어린 가지에는
털이 있다.

약 2~5미터
높이로 자라는
갈잎떨기나무다.

꽃은 1~2개가 잎겨드랑이에 달리며 4월에 연한 분홍색으로 핀다.

잎 양면에는 털이 많다.

만첩풀또기

[중판유엽매]

Prunus triloba var. Multiplex

—

풀또기에 비해 꽃은 겹꽃이다. 열매가 거의 익지 못한다. 꽃이 피기 전 꽃 봉오리에서 암술대가 먼저 나온다.

열매가 거의 익지 못한다.

꽃이 피기 전 꽃봉오리에서 암술대가 먼저 나온다.

○— 암술대

굵은씨열매의 지름은 약 10~15밀리미터다.

암술과 수술은
길이가 비슷하다.

암술대

씨방에 털이
촘촘하다.

꽃잎의 숫자
풀또기: 5개
만첩풀또기: 많다

잎은 길이 3∼6센티미터,
폭 2∼5센티미터 정도다.

잎은 어긋나게 달리고
거꿀달걀꼴∼뒤집힌 삼각형이다

잎 가에
겹톱니가 있다.

4월, 활짝 핀 꽃

어린 가지에는
털이 있다.

약 2∼5미터
높이로 자라는
갈잎떨기나무다.

꽃은 5월에 흰색으로
편평꽃차례를 이룬다.

잎 양면에 털이 거의 없다.

좁은잎피라칸타

[피라칸다]

Pyracantha angustifolia

—

날카로운 줄기가시가 있다. 어린 가지에 짧은 털이 촘촘하다. 잎은 길이 3~5센티미터, 폭 15밀리미터 정도로 줄 모양의 길둥근꼴이다. 열매의 지름은 약 5~6밀리미터이고 10월에 황적색으로 익는다.

배 모양 열매는 납작한
공 모양이며 10월에
황적색으로 익는다.

열매의 지름
좁은잎피라칸타: 5~6밀리미터
넓은잎피라칸타: 8~11밀리미터

씨앗

2

좁은잎피라칸타   넓은잎피라칸타

I   0

씨앗에 3능선이 있다.

꽃잎 끝은
오목하다.

암술대에
털이 없다.

작은 꽃자루에
털이 없다.

꽃의 지름은
약 8밀리미터다.

잎 가에
둥근 톱니가 있다.

잎은 길이 3~5센티미터,
폭 15밀리미터 정도다.

잎은 어긋나게 달리고
줄 모양의 길둥근꼴이다.

날카로운
줄기가시가
있다.

줄기가시

어린 가지에
짧은 털이
촘촘하다.

약 1~2미터
높이로 자라는
늘푸른떨기나무다.

편평꽃차례는 지름 3~4센티미터
정도이고 5월 흰색 꽃이 핀다.

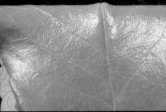

잎 양면에 털이 거의 없다.

넓은잎피라칸타

Pyracantha fortuneana

—

좁은잎피라칸타와 비슷하지만 열매는 지름 8~11밀리미터 정도로 큰 편이다. 잎
은 길이 15~60밀리미터, 폭 0.5~25밀리미터 정도로 잎의 폭이 넓은 편이다.

배모양 열매는
10월에 황적색으로 익는다.

열매의 지름
좁은잎피라칸타: 5~6밀리미터
넓은잎피라칸타: 8~11밀리미터

좁은잎
피라칸타

넓은잎
피라칸타

넓은잎
피라칸타

좁은잎
피라칸타

잎의 모양
좁은잎피라칸타: 둥글다
넓은잎피라칸타: 길다

꽃의 지름은 10밀리미터 정도다.

수술은 20개다.

암술과 수술

잎 가에 둔한 톱니가 있다.

잎의 길이는 15~60밀리미터, 폭 0.5~25밀리미터 정도다.

잎은 어긋나게 달리며 긴 길둥근꼴이다.

길이 10~15밀리미터 정도의 줄기가시가 있다.

어린 가지에 짧은 털이 촘촘하게 많다.

높이 2~4미터 정도로 자라는 늘푸른 떨기나무다.

쌍성꽃의 지름은
약 3센티미터다.

잎 뒷면은
회록색이고
털이 없다.

돌배나무

[꼭지돌배나무 · 산배나무]

Pyrus pyrifolia

—

산돌배나무와 달리 암술대 아래쪽에 털이 없고 열매에 꽃받침이 남아 있지 않다.
배나무에 비해 꽃잎은 서로 포개지지 않는 편이고 잎 뒷면과 잎자루에 털이 없으
며 열매의 지름은 약 3~4센티미터로 작다.

열매의 지름
배나무: 6~15센티미터
돌배나무: 3~4센티미터

꽃받침은
일찍 떨어진다.

배 모양 열매의 열매자루는
길이가 약 3~5센티미터다.

꽃받침은
일찍 떨어진다.

포개지지
않는다.

꽃은 4월에 잎과
동시에 흰색으로 핀다.

배나무에 비해 꽃잎은
서로 포개지지 않는다.

암술대 아래쪽과
꽃자루에 털이 없다.

털이
없다

암술대에 털
산돌배: 있다.
돌배나무: 없다.

잎자루의 길이는
약 3~7센티미터이며
털이 없다.

잎의 길이는
약 7~12센티미터다.

잎은 어긋나게 달리고 긴 길둥근꼴이며,
잎 밑은 둥근밑~염통꼴밑과 비슷하다.

어린 가지에는
털이 있으나 없어진다.

약 5미터 높이로 자라는
갈잎작은키나무다.

꽃은 5~7개가
모여 달린다.

남해배나무

Pyrus ussuriensis var. nankaiensis

—

산돌배에 비해 어린 가지와 잎자루 및 꽃자루에 털이 있다.

꽃은 4월에
흰색으로 핀다.

잎 양면에
털이 촘촘하다.

영구꽃받침

열매자루에 털이 있고
열매에 영구꽃받침은
끝까지 남는다.
열매는 8월에 노란색으로 익는다.

배 모양 열매의 지름은
약 3∼4센티미터다.

꽃받침

6월, 어린 열매

암술과
수술

쌍성꽃의 지름은
약 3~4센티미터다.

암술대
아래쪽과
꽃자루에
털이 있다.

털이 있다.

털이 있다.

잎자루의 길이는
약 2~5센티미터이며
털이 있다.

잎은 길이 5~10센티미터,
폭 4~6센티미터 정도다.

잎은 어긋나게 달리고
둥근꼴~달걀 같은 둥근꼴이다.

턱잎은 줄꼴이다.

어린 가지에는
털이 있다.

약 10미터
높이로 자라는
갈잎큰키나무다.

남해배나무

문배
Pyrus ussuriensis var. seoulensis
—
산돌배에 비해 꽃의 지름은 약 6센티미터로 큰 편이다.

꽃은 5~7개가 모여 달리며
4월에 흰색으로 핀다.

잎 양면에 털이 없다.

열매에 영구꽃받침이 남아 있다.

● 영구꽃받침

배 모양 열매는
8월에 노란색으로 익는다.

열매의 지름은
약 3~4센티미터다.

꽃의 지름
문배: 60밀리미터
산돌배: 30~35밀리미터

암술대는 4~5개,
꽃밥은 암자색이다.

암술대
아래쪽에
털이 있다.

털이 있다.

잎자루의 길이는
약 2~5센티미터이며
털이 없다.

잎은 길이 5~10센티미터,
폭 4~6센티미터 정도다.

잎은 어긋나게 달리고
둥근꼴~달걀 같은 둥근꼴이다.

8월, 덜 익은 열매

어린 가지에는
털이 없다.

약 10미터
높이로 자라는
갈잎큰키나무다.

꽃은 4월에
흰색으로 핀다.

잎 양면에는 털이 없다.

산돌배

Pyrus ussuriensis

—

돌배나무와 달리 암술대 아래쪽에 털이 있고 열매에 영구꽃받침이 끝까지 남아
있다.

배 모양 열매는 8월에
노란색으로 익는다.

열매에 영구꽃받침은
끝까지 남는다.

열매의 지름은
약 3~4센티미터다.

영구꽃받침

꽃밥은
자주색이다.

쌍성꽃의 지름은
약 30〜35밀리미터다.

털이 있다.

암술대
아래쪽에
털이 있고
꽃자루에
털이 없다.

잎자루의 길이는
약 2〜5센티미터이며
털이 없다.

잎의 길이는
약 5〜10센티미터다.

잎은 어긋나게 달리고
달걀 같은 둥근꼴이다.

턱잎

어린 가지에는
털이 없다.

약 10미터
높이로 자라는
갈잎큰키나무다.

꽃이 활짝 핀 모습

산돌배

꽃은 4월에
흰색으로 핀다.

잎 양면에
털이 없다.

취앙네
Pyrus ussuriensis var. acidula
—
산돌배에 비해 열매의 지름이 약 4~5센티미터로 약간 큰 편이다. 열매에 햇볕이
닿는 부분은 붉은 빛이 돈다.

8월, 덜 익은 열매

열매에 햇볕이 닿은
부분은 붉은 빛이 돈다.

영구꽃받침

배 모양 열매의 지름은 약 4~5센티미터다.

영구꽃받침

암술과 수술

털이 있다.

암술대 아래쪽에 털이 있고 꽃자루에 털이 없다.

쌍성꽃의 지름은 약 3~4센티미터다.

잎자루의 길이는 약 2~5센티미터이며 털이 있다가 없어진다.

잎자루

턱잎

잎은 길이 8~11센티미터, 폭 6~7센티미터 정도다.

잎은 어긋나게 달리고 둥근꼴~달걀 같은 둥근꼴이다.

가지는 자갈색이다.

어린 가지에는 털이 없다.

약 10미터 높이로 자라는 갈잎큰키나무다.

꽃은 4월에
흰색으로 핀다.

잎 표면에
털이 없고
뒷면에 털이
촘촘하다.

털산돌배

Pyrus ussuriensis var. pubescens
—
산돌배와 달리 잎 뒷면에 털이 있다.

열매의 지름은
약 4~5센티미터다.

열매에 짧은 영구꽃받침이
끝까지 남아있다.

배 모양 열매는 8월에
노란색으로 익는다.

꽃의 지름은
약 3센티미터다.

암술과 수술

털이 있다.—○

암술대
아래쪽에
털이 있고
꽃자루에
털이 없다.

잎자루의 길이는
약 2～5센티미터이며
털이 있다.

잎은 길이 5～10센티미터,
폭 4～6센티미터 정도다.

잎은 어긋나게 달리고
둥근꼴～달걀 같은 둥근꼴이다.

꽃은 5～7개가
모여 달린다.

어린 가지에는
털이 없다.

약 10미터
높이로 자라는
갈잎큰키나무다.

영구꽃받침

황록색으로 익는다.

참배나무
Pyrus ussuriensis var. macrostipes
—
열매의 지름이 약 5~6센티미터로 합실리와 크기가 비슷하지만 열매자루의 길이가 6센티미터 정도로 합실리(25밀리미터)보다 길다. 합실리와 달리 암술대와 꽃자루에 털이 없다. 열매는 황록색으로 익으며 영구꽃받침은 끝까지 남는다.

꽃은 4월에
흰색으로 핀다.

잎 표면 중심맥에 털이 있고,
뒷면은 털이 많지만 점차 없어진다.

열매자루의 길이
합실리: 2.5센티미터
산돌배: 3~5센티미터
참배: 6센티미터

열매자루가
길다.

영구꽃받침

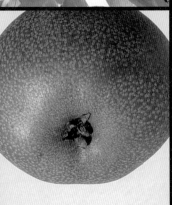

배 모양 열매에
짧은 영구꽃받침이
끝까지 남아 있다.

열매의 지름
산돌배: 3~4센티미터
합실리: 5~6센티미터
참배: 5~6센티미터

오므라진다.

오므라진다.

합실리에 비해 꽃자루의 길이가 긴 편이다.

쌍성꽃의 지름은 약 3센티미터다.

털이 없다. ─○

암술대 아래쪽과 꽃자루에 털이 없다.

잎자루의 길이는 약 2~5센티미터이며 털이 있으나 없어진다.

잎은 길이 5~11센티미터, 폭 4~7센티미터 정도다.

잎은 어긋나게 달리고 넓은 달걀꼴이다.

열매는 8월에 황록색으로 익는다.

어린 가지에 털이 있으며, 가지는 점차 흑갈색으로 변한다.

약 15미터 높이로 자라는 갈잎큰키나무다.

꽃은 4월에
흰색으로 핀다.

잎 표면의 털은 중심맥에만 남는다.

잎 뒷면에 털은 끝까지 남아 있다.

합실리

Pyrus ussuriensis var. viridis

—

열매의 지름이 약 5~6센티미터로 참배와 크기가 비슷하지만 열매자루의 길이
는 약 2.5센티미터로 참배(6센티미터)보다 짧다. 열매는 갈색으로 익으며 영구꽃
받침은 끝까지 남는다. 참배와 달리 암술대와 꽃자루에 털이 있다.

열매의 지름은
약 5~6센티미터다.

오므라진다.

열매자루의 길이
합실리: 2.5센티미터
참배: 6센티미터

영구꽃받침

갈색

배 모양 열매는 갈색으로 익으며
영구꽃받침은 끝까지 남는다.

오므라진다.

암술대는 5개, 꽃밥은 암자색이다.

암술대 아래쪽과 꽃자루에 털이 있다.

털이 있다.

꽃자루에 털

꽃자루의 길이는 약 15~20밀리미터로 참배보다 짧다.

잎자루의 길이는 약 3~6센티미터이며 털이 있다.

잎은 어긋나게 달리고 넓은 달걀꼴이다.

잎은 길이 5~11센티미터, 폭 4~7센티미터 정도다.

꽃은 여러 송이가 모여 달린다.

어린 가지에는 털이 있다.

약 15미터 높이로 자라는 갈잎큰키나무다.

쌍성꽃은 가지 끝에
5~10개가 모여 달린다.

배나무

Pyrus pyrifolia var. culta

—

잎 뒷면과 잎자루에 털이 있으나 없어진다. 잎자루의 길이는 약 3~5센티미터다.
꽃자루의 길이는 약 3~4센티미터이고 털이 없다. 암술대는 4~5개이며 털이 없
다. 배 모양 열매는 공 모양이고 지름이 약 6~15센티미터다.

잎 뒷면과 잎자루에
털이 있으나 없어진다.

열매자루의 길이
배나무: 5센티미터
돌배: 5센티미터
참배: 6센티미터

꽃받침은
일찍 떨어진다.

씨앗

꽃밥은
자줏빛이 도는
붉은색이다.

암술대는
4~5개이며
털이 없다.

꽃의 지름은 약 3센티미터이고
5월에 흰색으로 핀다.

잎자루의 길이는
약 3~5센티미터이고
털이 있다가 없어진다.

잎은 길이 7~12센티미터,
폭 3~5센티미터 정도다.

잎은 어긋나게 달리고 달걀 같은
길둥근꼴~달걀꼴이다.

어린 가지에
털이 있으나
없어진다.

약 7~10미터
높이로 자라는
갈잎작은키나무다.

턱잎

꽃자루에
털이 없다.

열매는
거꿀달걀꼴

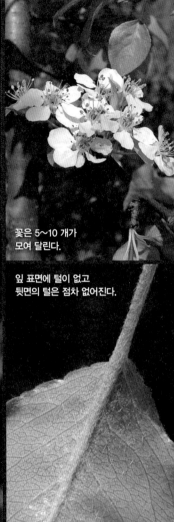

꽃은 5~10 개가
모여 달린다.

잎 표면에 털이 없고
뒷면의 털은 점차 없어진다.

개위봉배나무

Pyrus pseudouipongensis

—

위봉배나무에 비해 열매는 거꿀달걀꼴이다.

배 모양 열매의 지름은
약 16~22밀리미터다.

열매는 거꿀달걀꼴이며
10월에 검은색으로 익는다.

열매의 모양
개위봉배: 거꿀달걀꼴
위봉배: 길둥근꼴
콩배: 공모양

거꿀달걀꼴

쌍성꽃의 지름은
약 20~25밀리미터다.

암술대는
2~3개다.

꽃자루에는
털이 있다.

잎자루의 길이는
약 4센티미터이며
털은 점차 없어진다.

잎의 길이는 6센티미터,
폭 3.5센티미터 정도다.

잎은 어긋나게 달리고
달걀꼴~둥근꼴이다.

잎 가에
뾰족한
톱니가 있다.

어린 가지에는
털이 없다.

약 3미터 높이로 자라는
갈잎작은키나무다.

개위봉배나무

열매는
공 모양~
길둥근꼴

영구꽃받침은
끝까지 남는다.

꽃은 5~10개가 모여서
4월에 핀다.

잎 뒷면에
털이 있으나
없어진다.

위봉배

Pyrus uipongensis

—

열매는 공 모양~길둥근꼴이고 지름은 약 16~22밀리미터로 콩배(10밀리미터)
보다 약간 크다. 열매에 영구꽃받침은 대부분 끝까지 남는다.

배 모양 열매의
열매자루는 길이가
약 35밀리미터다.

영구꽃받침은
끝까지 남는다.

열매의 지름
콩배: 10밀리미터
위봉배: 16~22밀리미터
개위봉배: 16~22밀리미터

열매 크기의 비교

콩배

위봉배

암술대는
2~3개다.

암술대 아래쪽에
털이 없다.

쌍성꽃의 지름은
약 20~25밀리미터다.

꽃자루에는
털이 있다.

잎자루의 길이는
약 2~4센티미터이며
털이 있다가 없어진다.

잎은 길이 4~5센티미터,
폭 3.5센티미터 정도다.

잎은 어긋나게 달리고
달걀꼴~달걀 같은 길둥근꼴이다.

열매는
10월에
녹갈색에서 점차
검은색으로
익는다.

어린 가지에는
털이 있다.

약 6미터
높이로 자라는
갈잎작은키나무다.

꽃은 5~9개가 모여
편평꽃차례를 이룬다.

잎 뒷면에 털이 있으나
점차 없어진다.

콩배나무

[좀돌배나무 · 황이]

Pyrus calleryana var. fauriei

—

열매는 공 모양이고 지름이 약 1센티미터이며 9월에 녹갈색에서 검은색으로 익는다. 열매자루의 길이는 약 3센티미터이고 열매의 꽃받침은 일찍 떨어진다.

열매자루의 길이는
약 3센티미터이며
털이 있다가 없어진다.

배 모양 열매의
꽃받침은 일찍 떨어지며
검은색으로 익는다.

열매는
공 모양이고
지름이 약
10밀리미터다.

씨앗은 반달
모양이다.

쌍성꽃의 지름은
약 20∼25밀리미터다.

꽃밥

암술대

암술대는
2∼3개

암술대
아래쪽에는
털이 없다.

꽃자루에
털이 있다.

잎자루의 길이는
약 3∼4센티미터이며
털이 있으나 없어진다.

잎의 길이는
약 3∼8센티미터다.

잎은 어긋나게 달리고
넓은 달걀꼴∼둥근꼴이다.

잎 가에 둔한 톱니가 있다.

어린 가지는
털이 있으나
없어진다

약 3미터
높이로 자라는
갈잎떨기나무다.

원뿔꽃차례의 길이는
약 10~20센티미터다.

양면에 털이 많다.

비파나무

Eriobotrya japonica

—

잎 양면에 털이 촘촘하다. 원뿔꽃차례의 길이는 약 10~20센티미터다. 꽃의 지름은 약 1센티미터이고 수술은 20개 정도다. 열매의 지름은 약 3~4센티미터이고 다음해 6월, 노란색으로 익는다. 씨앗의 길이는 약 20~25밀리미터다.

배 모양 열매의 지름은
약 3~4센티미터다.

열매는 다음해 6월에
노란색으로 익는다.

씨앗의 길이는
약 20~25밀리미터다.

수술은 20개 정도이고
암술보다 길다.

암술

암술

씨방

꽃의 지름은
약 1센티미터다.

턱잎

턱잎은
줄꼴(선형)이며
털이 있다.

잎은 어긋나게 달리고
끝이 뾰족한 긴 길둥근꼴이다.

잎은 길이 12~30센티미터,
폭 3~9센티미터 정도다.

잎 가에
톱니가 있다.

어린 가지에
털이 촘촘하다.

약 4~10미터
높이로 자라는
늘푸른작은키나무다.

원뿔꽃차례의 길이는
약 6~11센티미터다.

잎 양면에 털이 없고
뒷면 중심맥은 도드라진다.

홍가시나무

[붉은순나무]

Photinia glabra

—

새잎은 붉은빛이 돌고 가을 단풍도 붉은 색이다. 원뿔꽃차례의 길이는 약 6~11
센티미터이며 5월에 흰색 꽃이 핀다. 꽃의 지름은 약 7~8밀리미터다. 수술은 20
개, 암술은 2개이며 씨방에 털이 촘촘하다. 열매는 공 모양이고 지름은 약 5밀리
미터다.

배 모양 열매는
공 모양이고 붉게 익는다.

새로 돋은 잎

잎은 어긋나게 달린다.

꽃의 지름은
약 7~8밀리미터이며
수술은 20개다.

암술대

씨방에
흰색 털이
촘촘하다.

5월, 흰색으로
꽃이 핀다.

턱잎

잎자루

잎자루에
털이 없고
턱잎은
바늘꼴이며
일찍 떨어진다.

잎은 길이 5~9센티미터,
폭 2~4센티미터 정도다.

잎은
어긋나게 달리고
가죽질이며
거꿀바소꼴~
긴 길둥근꼴이다.

새잎과 단풍은 붉은색이다.

어린 가지에는
털이 없다.

약 3~5미터
높이로 자라는
늘푸른작은키나무다.

4월에 흰색 꽃이 모여
원뿔꽃차례를 이룬다.

잎 양면에 털이 없고
뒷면에 그물맥이 뚜렷하다.

다정큼나무

[쪽나무]

Rhaphiolepis indica var. umbellata

—

잎은 길이 4~8센티미터, 폭 2~4센티미터 정도다. 잎 가에 톱니가 거의 없다. 잎 양면에 털이 없고 뒷면에 그물맥이 뚜렷하다. 4월에 흰색 꽃이 모여 원뿔꽃차례를 이룬다. 배 모양 열매의 지름은 약 7~10밀리미터다. 열매는 공 모양이며 10월에 흑자색으로 익는다.

배 모양 열매의 지름은
약 7~10밀리미터다.

열매는
공 모양이며
10월에
흑자색으로
익는다.

씨앗은 공 모양이며
진한 갈색이다.

꽃의 지름은
약 10~13밀리미터다.

암술

꽃받침조각은 5개이며
갈색 털이 촘촘히 많다.

잎은 길이 4~8센티미터,
폭 2~4센티미터 정도다.

잎 가에 톱니가
거의 없다.

잎은 어긋나게 달리고
가지 끝에서는 모여 달린다.

수술대는 연한
분홍색이다.

수술

꽃받침

어린 가지에
솜털은 곧
없어진다.

약 2~4미터
높이로 자라는
늘푸른떨기나무다.

4월에 흰색 꽃이 모여
원뿔꽃차례를 이룬다.

잎 양면에
털이 없고
뒷면에
그물맥이
뚜렷하다.

둥근잎다정큼

[둥근잎다정큼나무]

Rhaphiolepis indica var. integerrima

—

다정큼나무와 달리 잎은 길이 5~7센티미터, 폭 4~5센티미터 정도로 달걀 같은
둥근꼴이다. 잎 가에 물결 모양의 둔한 톱니가 있다.

배 모양 열매의 지름은
약 8~12밀리미터다.

씨앗의 지름은
약 8~10밀리미터다.

열매는 공 모양이며
10월에 흑자색으로 익는다.

꽃의 지름은
약 10~13밀리미터다.

암술

꽃잎은 5개이며 수술은 15개다.

잎 가에 물결 모양의
둔한 톱니가 있다.

잎은 길이 5~7센티미터,
폭 4~5센티미터 정도다.

잎은 어긋나게 달리고
달걀 같은 둥근꼴이다.

수술대는 붉은빛이 돈다.

암술

수술

어린 가지에
솜털(면모)이 있다.

약 2~4미터
높이로 자라는
늘푸른떨기나무다.

5월에 흰색 꽃이 모여
원뿔꽃차례를 이룬다.

긴잎다정큼

[긴잎다정큼나무]

Rhaphiolepis indica var. liukiuensis

—

다정큼나무에 비해 잎은 길이 5~10센티미터, 폭 1~3센티미터 정도로 좁고 긴
길둥근꼴~거꿀바소꼴이다. 잎 가에 물결 모양의 둔한 톱니가 있다.

잎 양면에 털이 없고
그물맥이 뚜렷하다.

열매는 공 모양이며
10월 흑자색으로 익는다.

씨앗의 지름은
약 7~8밀리미터다.

배 모양 열매는 지름이
약 8~12밀리미터다.

꽃의 지름은
약 10~13밀리미터다.

암술

꽃받침조각은 5개이며
갈색 털이 촘촘하다.

잎 가에 물결 모양의
둔한 톱니가 있다.

잎은 길이 5~10센티미터,
폭 1~3센티미터 정도다.

잎은 어긋나게 달리고
가지 끝에서는 모여 난다.

수술대는
흰색이다.

암술

수술대

약 2~4미터
높이로 자라는
늘푸른떨기나무다.

어린 가지에는
솜털이 있다.

긴잎다정큼

꽃차례
왕용가시: 편평꽃차례
돌가시나무: 술모양꽃차례

왕용가시

[민용가시나무]

Rosa maximowicziana var. coreana

—

줄기의 길이가 약 10미터로 자라며, 땅에 누워서 옆으로 뻗는다. 용가시나무에 비해 어린 가지에 샘털이 없고 갈고리 같은 가시가 있다. 돌가시나무에 비해 꽃은 편평꽃차례를 이룬다.

잎 양면에
털이 거의 없다.

장미꽃열매의 지름은
약 10밀리미터이고
10월에 붉은색으로
익는다.

열매에
샘털

열매자루에
샘털

11월,
단풍

꽃받침과
작은 꽃자루에
샘털이 있다.

암술대에
털이 없다.

꽃은 6~7월, 햇가지에
흰색으로 편평꽃차례를
이룬다.

작은 꽃자루에
샘털

잎줄기에 갈고리 모양의
가시가 있고 털이 있다.

작은 잎은
약 3~6센티미터
길이다.

작은 잎이
보통 5~7개인
깃꼴겹잎이다.

턱잎에
샘털 모양의
톱니가 있다.

어린 가지에
샘털이 없고,
갈고리 같은
가시가 있다.

어린 가지에 샘털
용가시나무: 있다.
왕용가시: 없다.

줄기의 길이가
10미터까지 누워서
옆으로 뻗어가는
갈잎덩굴나무다.

꽃은 5월에 흰색으로
원뿔꽃차례를 이룬다.

잎 뒷면에
털이 있다.

털찔레

[축자가시나무·샘털들장미]

Rosa multiflora var. adenochaeta

—

찔레나무에 비해 잎 뒷면에 털이 있고 작은 꽃자루에 샘털이 많다. 잎줄기에 털
과 더불어 샘털이 있다.

장미꽃열매의 지름은
약 7~8밀리미터이고,
10월에 붉은색으로 익는다.

작은 열매자루에
샘털이 촘촘하다.

작은
꽃자루에
샘털

꽃의 지름은
약 2~3센티미터다.

꽃받침은
뒤로 젖혀지며
샘털이 있다.

작은 꽃자루에
샘털이 많다.

작은 잎의 길이는
약 2~4센티미터다.

작은 잎이
보통 5~9개인
깃꼴겹잎이다.

턱잎에
빗살 같은
톱니가 있다.

어린 가지는 녹색이며
가시가 있다.

약 2~3미터
높이로 자라는
갈잎떨기나무다.

잎줄기에
털과 더불어 샘털이 많다.

꽃은 5월에 흰색~연한 분홍색으로
원뿔꽃차례를 이룬다.

찔레꽃

[들장미 · 찔레나무]

Rosa multiflora

—

작은 잎이 보통 5~9개인 깃꼴겹잎이다. 작은 잎의 길이는 약 2~4센티미터이며,
잎 양면에 털이 거의 없다. 작은 꽃자루와 잎줄기에 가시가 없으며, 샘털도 거의
없고, 솜털이 촘촘하다. 턱잎에 빗살 같은 톱니가 있으며, 턱잎의 아래쪽은 잎자
루와 합쳐진다.

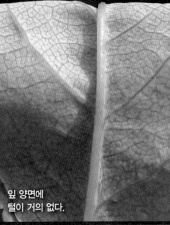

잎 양면에
털이 거의 없다.

장미꼴열매는
10월에 붉은색으로 익는다.

열매의 지름은
약 7~8밀리미터다.

열매자루에
털이 약간 있지만,
샘털은 거의 없다.

열매자루

꽃의 지름은
약 2~3센티미터다.

꽃받침은
뒤로 젖혀지며
융털이 있다.

솜털

작은 꽃자루에
샘털은 거의 없고,
솜털이 많다.

턱잎에 빗살 같은
톱니가 있으며,
턱잎 아래쪽은
잎자루와 합쳐진다.

작은 잎의 길이는
약 2~4센티미터다.

작은 잎이
보통 5~9개인
깃꼴겹잎이다.

잎줄기

잎줄기에
샘털은 거의 없고,
솜털이 촘촘하다.

어린 가지는 녹색이지만
겨울에는 붉게 변하며
가시가 있다.

약 2~3미터
높이로 자라는
갈잎떨기나무다.

꽃은 5월 햇가지에
분홍색으로 핀다.

긴생열귀

[긴열매해당화]

Rosa davurica var. ellipsoidea

—

해당화에 비해 잎은 얇고 좁은 편이며, 잎줄기에 샘털이 있다. 어린 가지에 털이
없고 열매는 길이 2센티미터, 지름 10~13밀리미터 정도의 길둥근꼴이며, 6월에
황홍색으로 익는다. 인가목에 비해 작은 잎의 길이는 약 1~3센티미터로 작은 편
이고 작은 잎의 숫자가 5~9개로 많은 편이다.

샘점

잎 표면에 털이 없고
뒷면에 샘점이 촘촘하다.

씨앗의 길이는
약 4밀리미터이고
털이 있다.

장미꽃열매는
6월에 황홍색으로
익는다.

열매는 길이 2센티미터,
지름 10~13밀리미터 정도로
길둥근꼴이다.

꽃의 지름은
약 3~4센티미터다.

수술

꽃받침조각의 길이는
약 2센티미터로
길게 뾰족하며 샘털이 있다.

잎줄기에
가시와 샘털이
있다.

가시

작은 잎이
보통 5~9개인
깃꼴겹잎이다.

작은 잎의 길이는
약 1~3센티미터이고
폭이 15밀리미터 정도다.

작은 잎의 길이
긴생열귀: 약 1~3센티미터.
해당화: 약 2~5센티미터.

해당화

긴생열귀

턱잎

어린 가지에
털이 없고
가시가 있다.

약 100~150센티미터
높이로 자라는
갈잎떨기나무다.

꽃은 5월 햇가지에
분홍색으로 핀다.

인가목

[금강찔레 · 민둥인가목]

Rosa acicularis

—

긴생열귀에 비해 잎 표면에 약간의 털이 있고 뒷면 맥 위에 털이 있다. 작은 잎이
3~7개 정도로 긴생열귀보다 적다. 꽃의 지름은 약 4~5센티미터로 긴생열귀보
다 약간 크다. 열매에 약간의 샘털이 있다.

가시

잎 표면에 약간의 털이 있고
뒷면 맥 위에 가시와 털이 있다.

장미꿀열매는
길이 2~3센티미터,
지름 13~16밀리미터
정도로 긴 길둥근꼴이다.

열매에 약간의
샘털이 있으며
6월에 황홍색으로
익는다.

영구꽃받침이
길다.

샘털

열매자루에
샘털이 촘촘하다.

꽃받침조각은
꼬리처럼
길게 뾰족하며
샘털이 있다.

꽃의 지름은
약 4～5센티미터다.

작은 꽃자루에
샘털이 촘촘하다.

잎줄기

잎줄기에
가시와 샘털이
있다.

작은 잎은
약 3～5센티미터
길이다.

잎은 깃꼴겹잎이며,
작은 잎은 3～7개다.

잎자루에
샘털

턱잎

가시

턱잎에
빗살 같은 톱니가
없다

어린 가지에
털이 없고
가시가 있다.

약 1～2미터 높이로
자라는 갈잎떨기나무다.

꽃은 5월, 잎겨드랑이에
한 개씩 달린다.

잎 표면에 털이 없고
뒷면에 잔털이 있으며,
잎줄기에 가시가 있다.

가시

잎줄기

노랑해당화
Rosa xanthina

—

꽃의 지름은 약 5~6센티미터로 중륜이며 꽃잎은 5~20장으로 반 겹꽃이거나
겹꽃이다. 꽃은 잎겨드랑이에 한 송이씩 노란색으로 피고 작은 잎이 7~13개인
깃꼴겹잎이다. 가지는 휘어져 밑으로 처지며 약 185~305센티미터 높이로 자
란다.

장미꼴열매에
꽃받침이 끝까지 남으며
6월에 붉은색으로 익는다.

열매의 지름
노랑해당화: 12밀리미터
해당화: 25밀리미터
긴생열귀나무: 13밀리미터

꽃받침

씨앗은 적갈색이며
털이 있다.

꽃의 지름은
약 5~6센티미터로 중륜이며,
꽃잎은 5~20장으로
반 겹꽃이거나 겹꽃이다.

수술과 꽃밥도
노란색이다.

반 겹꽃

턱잎에
잔 톱니가
있다.

작은 잎의 길이
노랑해당화: 8~15밀리미터
해당화: 30~50밀리미터
긴생열귀나무: 10~30밀리미터
인가목: 30~50밀리미터

작은 잎의 숫자
노랑해당화: 7~13개
해당화: 5~9개
인가목: 3~7개

잎가장자리에
잔 톱니가 있다.

어린 가지는
암갈색이며
가시가 많다.

가지는 휘어져
밑으로 처지며,
약 185~305센티미터
높이로 자란다.

노랑해당화

꽃은 진한 분홍색이며
5~7월, 햇가지에 달린다.

샘점

잎 뒷면에
털이 촘촘히 많으며
샘점이 있다.

해당화

Rosa rugosa

—

줄기에 가시와 융털이 촘촘하고 가지의 가시에도 털이 있다. 잎은 어긋나게 달리고, 작은 잎이 5~9개인 깃꼴겹잎이다. 잎 표면에 주름이 많고 열매의 지름은 20~25밀리미터로 납작한 공 모양이며 8월에 붉은색으로 익는다.

열매의 지름은
약 20~25밀리미터다.

씨앗의 길이는
약 4밀리미터이며
털이 있다.

장미꽃열매는
납작한 공 모양이고
8월에 붉은색으로
익는다.

털이 있다.

꽃의 지름은
약 6~8센티미터다.

꽃밥은
노란색이다.

꽃받침에
샘털이 있다.

잎줄기에
털이
촘촘하다.

턱잎에 빗살 같은
톱니가 없다.

작은 잎은 길이 3~5센티미터,
폭 2~3센티미터 정도이며
표면에 주름이 있다.

잎은 어긋나게 달리고
작은 잎이 5~9개인
깃꼴겹잎이다.

가시에도
털이 있다.

어린 가지에
가시

약 150~200센티미터
높이로 자라는
갈잎떨기나무다.

꽃은 5~7월.
햇가지에 달린다.

잎 뒷면에 털이 많으며
샘점이 있다.

겹해당화
Rosa rugosa f. plena
—
해당화와 비슷하지만 꽃잎이 겹꽃이다.

열매의 지름은
약 20~25밀리미터다.

장미꿀열매는
납작한 공 모양이고
8월에 붉은색으로
익는다.

씨앗의 길이는
약 6밀리 정도이며
털이 있다.

꽃의 지름은
약 6~8센티미터다.

꽃밥은
노란색

꽃받침에
털이 있다.

턱잎에
빗살 같은
톱니가 없다.

작은 잎은 길이 3~5센티미터
폭 2~3센티미터 정도다.

잎은 어긋나게 달리고,
작은 잎이 5~9개인
깃꼴겹잎이다.

꽃받침에
샘털이 있다.

줄기의 가시에도
털이 있다.

약 150~200
센티미터
높이로 자라는
갈잎떨기나무다.

겹해당화

흰해당화

Rosa rugosa 'Alba'

—

해당화에 비해 꽃이 흰색이다.

꽃은 흰색이며 5~7월에
햇가지에 달린다.

잎 뒷면에 털이 많으며
샘점이 있다.

열매의 지름은
약 20~25밀리미터다.

장미꽃열매는
납작한 공 모양이고,
8월에 붉은색으로
익는다.

씨앗에
털이 있다.

꽃의 지름은
약 6~8센티미터다.

꽃밥은
노란색이다.

꽃받침에
샘털이 있다.

작은 잎은
길이 3~5센티미터,
폭 2~3센티미터
정도다.

턱잎에
빗살 같은 톱니가
없다.

잎은 어긋나게 달리고,
작은 잎이 5~9개인
깃꼴겹잎이다.

잎줄기에
잔털이 있고
가시가 있다.

가시에도
털이 있다.

약 150~200센티미터
높이로 자라는
갈잎떨기나무다.

잎줄기

8월. 꽃은 술모양꽃차례에
4～10개가 모여 달린다.

잎 양면에 털이 있으며
뒷면 중심맥에
가시가 있다.

겨울딸기

[땅줄딸기 · 늘푸른줄딸기]

Rubus buergeri

—

줄기의 길이가 약 2미터로 자라며 줄기는 땅을 기면서 옆으로 퍼진다. 잎은 어긋
나게 달리고 둥근꼴에 가깝다. 잎가에 3～5갈래의 얕은 결각이 있고 열매가 겨
울에 익기 때문에 겨울딸기라 한다.

열매의 지름은
약 10밀리미터다.

모인열매는
11～12월에
붉은색으로 익는다.

씨앗의 길이는
약 2～3밀리미터이며,
주름이 있다.

암술은
수술보다
길다.

○── 암술

꽃은
지름 10밀리미터
정도다.

작은 꽃자루와
꽃받침에 털이 많다.

턱잎은
일찍
떨어진다.

루에
시

잎의 길이는
약 5~10센티미터다.

잎은 어긋나게 달리고,
둥근꼴에 가까우며
홀잎이다.

잎가장자리에
뾰족한 잔 톱니가
있다.

가시

어린 가지에
융털이 많으며,
가시가 있거나 없다.

줄기의 길이가
약 2미터로 자라는
늘푸른버금떨기나무
常綠亞灌木다.

꽃은 3~4월에 1~2개가
아래를 향해 흰색으로 핀다.

잎 양면에 털이 있으며,
잎 뒷면 중심맥에
가시가 많다.

수리딸기

[청수리딸기·민수리딸]

Rubus corchorifolius

—

잎은 홑잎이며 결각이 거의 없지만, 얕게 3갈래로 갈라지는 것도 있다. 꽃은 보통
1개씩 달리지만 2개씩 달리기도 한다. 꽃은 3~4월, 다른 딸기 종류에 비해 일찍
흰색 꽃이 핀다.

열매의 지름은
약 10~15밀리미터다.

4월의 꽃

모인열매는
6월에 붉은색으로
익는다.

꽃은 지름
15~20밀리미터
정도다.

암술은
수술보다
짧다.

꽃받침잎에
털이 촘촘하다.

잎자루의 길이는
약 15~20밀리미터이고,
털과 가시가 있다.

잎의 길이는
약 8~15센티미터다.

잎은 홑잎이며
결각이 거의 없지만,
얕게 3갈래로
갈라지는 것도 있다.

특히 뿌리에서
새로 나온 가지의 잎은
3갈래로 깊이 갈라진다.

어린 줄기에
짧은 털이 많다.

줄기의 길이가
약 1~3미터로 자라는
갈잎떨기나무다.

꽃은 5월에 흰색으로
1~6개가 모여서 핀다.

잎 표면 맥 위에
털이 있으며,
뒷면 중심맥에는
약간의 털과 가시가
있다.

산딸기

[산딸기나무·긴나무딸기]

Rubus crataegifolius

—

원줄기에 가시가 있고 잎의 길이가 약 7~10센티미터이며 보통 3~5갈래로 갈라
진다. 꽃은 5월에 흰색으로 1~6개가 모여서 피고 꽃의 지름은 15~20밀리미터
정도이며, 꽃잎은 뒤로 약간 젖혀진다.

열매는
6월에 붉은색으로
익는다.

모인열매는
지름이 10~15밀리미터
정도다.

씨앗의 길이는
2밀리미터 정도다.

암술과 수술은
길이가
비슷하다.

꽃의 지름은
약 15~20밀리미터다.

꽃받침조각은
바소꼴이며
털이 있다.

잎자루의 길이는
약 2~5센티미터이며
가시와 털이 있다.

잎의 길이는
약 7~10센티미터다.

잎은 어긋나게 달리며,
보통 3~5갈래로 갈라진다.

암술

씨방

턱잎

어린 가지에
털이 있다.

가시

줄기의 길이가
약 1~2미터로 자라는
갈잎떨기나무다.

꽃은 5월에 흰색으로
1~6개가 모여서 핀다.

잎 표면에
털이 약간 있고,
뒷면에는 털이 전혀 없다.
뒷면 중심맥
아래쪽에만
가시가 있다.

긴잎산딸기
Rubus crataegifolius var. subcuneatus
—
산딸기와 비슷하고 잎의 결각은 보통 3~5갈래로 얕게 갈라지지만, 갈라지지 않는 잎도 있다. 잎은 삼각상 길둥근꼴로 산딸기에 비해 둥근 편이다. 잎은 길이 15~20센티미터, 폭 10~15센티미터 정도로 대형이다. 잎 뒷면과 잎자루, 어린 가지에 털이 전혀 없다.

모인열매의 지름은
약 10~15밀리미터다.

열매는
6월에 붉은색으로
익는다.

잎의 결각은
얕게 갈라진다.

꽃의 지름은
약 15~20밀리미터다.

꽃받침

암술과 수술은
길이가 비슷하다.

꽃받침조각은
바소꼴이며 털이 있다.

잎자루에
털이 전혀 없고
가시가 있다.

잎은
길이 15~20센티미터,
폭 10~15센티미터
정도로 대형이다.

잎은 삼각상
길둥근꼴로
산딸기에 비해
둥근 편이다.

갈라지지 않는
잎도 있다.

어린 가지는
털이 전혀 없고
가시가 있다.

줄기의 길이가
1~2미터 정도
자라는
갈잎떨기나무다.

긴잎산딸기

꽃은 5월에 흰색으로
2~8개가 모여서
편평꽃차례를 이룬다.

잎 양면에
털이 거의 없으며,
잎 뒷면 중심맥에
가시가 있다.

가시가
작다.

섬나무딸기

[섬산딸기 · 왕곰딸기]

Rubus takesimensis

—

원줄기에 가시가 없다. 잎의 길이는 약 10~15센티미터로 산딸기보다 약간 크며
보통 3~7갈래로 갈라진다. 꽃은 5월에 흰색으로 2~8개가 모여서 편평꽃차례
를 이룬다. 꽃의 지름은 약 2~3센티미터로 산딸기보다 큰 편이다.

열매는
6월에 붉은색으로
익는다.

모인열매의 지름은
약 10~15밀리미터다.

가지는
휘어져 밑으로
처진다.

꽃의 지름은
약 2~3센티미터로
산딸기보다 크다.

암술과 수술은
길이가 비슷하다.

꽃받침조각은
바소꼴이며 털이 있다.

잎은 보통 5(3~7)갈래로
갈라진다.

잎자루에
갈퀴 같은
가시가 있다.

잎자루의 길이는
10센티미터가
넘는 것도 있다.

잎 길이
10~15센티미터 정도로
대형이다.

턱잎

어린 가지에 털이 없고
약간의 가시가 있다.

원줄기(주간)에
가시가 없다.

원줄기에 가시
섬나무딸기: 없다.
산딸기: 있다.

줄기의 길이가
1~4미터 정도 자라는
갈잎떨기나무다.
산딸기보다 키가 크다.

꽃은 잎겨드랑이에서
아래를 향해
1개씩 달린다.

잎 양면에
짧은 털이 있다.

단풍딸기
Rubus palmatus
—
꽃은 잎겨드랑이에서 아래를 향해 핀다. 잎은 3~5갈래로 깊이 갈라진다. 꽃자루와 잎에 털이 있고 꽃자루의 길이는 약 5~10밀리미터다.

열매는 5월에 노란색으로 익으며
지름은 약 10밀리미터다.

씨앗의 길이는 2~3밀리미터
정도이며 주름이 있다.

꽃봉오리

꽃의 지름은
약 35밀리미터다.

수술이
암술보다
약간 길다.

꽃받침조각은
바소꼴이며
털이 있다.

잎자루에
가시와
털이 있다.

잎은 길이 3~7센티미터,
폭 2.5~4센티미터 정도다.

잎은 어긋나게 달리며,
(3~)5갈래로 깊이 갈라진다.

잎 뒷면 중심맥에
가시와 털이 있다.

어린 가지에는
가시와 털이 있다.

약 2미터 높이로
자라는
갈잎떨기나무다.

꽃은 5~6월에
연한 홍색으로
술모양꽃차례를 이룬다.

잎 뒷면에 흰색 털이 촘촘히 많으며
맥 위에 가시가 있다.

가시

곰딸기
[붉은가시딸기 · 섬가시딸나무]

Rubus phoenicolasius

—

줄기는 처음에는 곧추서다가, 점차 아래로 처지게 된다. 작은 잎이 보통 3~5개
인 겹잎이다. 꽃은 5~6월에 연한 홍색으로 술모양꽃차례를 이룬다. 꽃은 지름
7~10밀리미터 정도이며 꽃잎은 위를 향한다.

열매는
7월에 붉은색으로
익는다.

모인열매의 지름은
약 10~15밀리미터다.

씨앗의 길이는
약 2밀리미터다.

꽃은
지름 7~10밀리미터 정도이며
꽃잎은 위를 향한다.

암술과 수술은
길이가 비슷하다.

꽃받침조각은
꽃잎보다 길며,
샘털이 많다.

작은 잎은
길이 4~8센티미터
정도다.

잎줄기에
샘털과 가시가
있다.

옆작은잎

끝작은잎은
넓은 달걀꼴

작은 잎이
보통 3(~5)개인
겹잎이다.

잎 뒷면 맥 위에
가시와 샘털이 있다.

어린 가지에
가시와 샘털이 있다.

줄기 길이가
2~3미터 정도 자라는
갈잎떨기나무다.

꽃은 5~6월에
연한 분홍색으로
술모양꽃차례~편평꽃차례를
이룬다.

잎 표면은
잔털이 있으며,
뒷면에 흰색 털이
촘촘히 많다.

멍석딸기

[번둥딸나무 · 멍두딸 · 사수딸기]

Rubus parvifolius

[Japanese Raspberry]

줄기는 처음에는 곧추서다가, 점차 누워서 옆으로 뻗는다. 잎은 보통 3출겹잎
이고 꽃은 5~6월에 연한 분홍색으로 술모양꽃차례~편평꽃차례를 이룬다. 꽃
의 지름은 약 7~10밀리미터 정도이며 꽃잎은 위를 향한다. 열매의 지름은 약
10~15밀리미터이며 7월에 붉은색으로 익는다.

열매는 7월에
붉은색으로
익는다.

모인열매의 지름은
10~15밀리미터 정도다.

잎 뒷면 중심맥에
솜털과 가시가 있다.

가시

솜털

꽃받침조각은
털이 있고
꽃잎보다 길다.

암술

수술

꽃의 지름은
약 7~10밀리터다.

작은 꽃자루에
가시와 털

작은 잎의 길이는
약 2~5센티미터다.

잎줄기에
털이 많으며,
가시가 있다.

잎은 어긋나게 달리며,
보통 3출겹잎이다.

암술

꽃잎

수술대

어린 가지에는
가시와 털이 있다.

줄기의 길이가
1~2미터 정도 자라는
갈잎떨기나무다.

멍석딸기

작은
꽃자루

작은 꽃자루가
긴 편이다.

잎 표면은
잔털이 있으며

뒷면에 흰색 털이
촘촘하다.

오엽멍석딸기
Rubus parvifolius f. subpinnatus

멍석딸기에 비해 잎은 갓꼴겹잎이며, 작은 잎은 보통 5개다.

모인열매의 지름은
10∼15밀리미터 정도다.

분과는
달걀꼴이며
길게 뾰족하다.

열매는 7월에
붉은색으로 익는다.

꽃의 지름은
7~10밀리미터
정도다.

꽃받침조각에
털이 있다.

작은 꽃자루에
가시와 털이 있다.

잎줄기(옆축)에
가시와 털이 있다.

작은 잎의 길이는
약 2~5센티미터다.

작은 잎이
보통 5개인
깃꼴겹잎이다.

분홍색 꽃잎은
위를 향한다.

꽃잎

수술대

어린 가지에는
가시와 털이 있다.

줄기의 길이가
약 1~2미터로 자라는
갈잎떨기나무다.

오엽멍석딸기

꽃은 6월에 연한 분홍색으로
편평꽃차례를 이룬다.

복분자딸기

[복분자 · 복분자딸]

Rubus coreanus
[Korean Raspberry]

—

줄기는 흰 가루로 덮여있으며, 비스듬히 옆으로 휘어져 땅에 닿는다. 작은 잎이
보통 (3)5~7개인 깃꼴겹잎이다. 잎 표면은 솜털로 덮여 있으나 점차 없어지며,
뒷면 맥 위에 털이 남는다. 열매의 지름은 약 6~8밀리미터 정도이며, 7월에 붉
은색에서 검은색으로 익는다.

잎 표면은
솜털로 덮여 있으나
점차 없어지며,
뒷면 맥 위에
털이 남는다.

모인열매의 지름은
약 6~8밀리미터다.

씨앗의 길이는
약 2밀리미터다.

열매는 7월에
붉은색에서 점차
검은색으로 익는다.

꽃은
지름 7~10밀리미터 정도이고,
꽃잎은 위를 향한다.

꽃잎은
위를
향한다.

꽃받침조각은
털이 있고
꽃잎보다 길다.

암술이
수술보다
약간 길다.

암술

수술

잎줄기에
가시와 털이 있다.

작은 잎의 길이는
약 3~8센티미터다.

작은 잎이
보통 (3)5~7개인
깃꼴겹잎이다.

깃꼴겹잎은 어긋나게
달린다.

어린 가지에는
털과 가시가 있다.

약 2~3미터 높이로
자라는 갈잎떨기나무다.

꽃은 5월에 1(~3)개씩
연한 분홍색으로 핀다.

줄딸기

[덩굴딸기 · 덤불딸기 · 애기오엽딸기]

Rubus pungens

—

줄기의 길이가 약 2~3미터 옆으로 길게 자란다. 작은 잎이 보통 5~7(~9)개인
깃꼴겹잎이다. 잎 표면에 잔털이 있으며, 뒷면 중심맥에 가시와 털이 있다. 꽃은
1(~3)개씩 피며 연한 분홍색을 띤다.

잎 표면에
잔털이 있으며,
뒷면 중심맥에
가시와 털이 있다.

열매는
6월에 붉은색으로
익는다.

모인열매의 지름은
약 10~15밀리미터다.

씨앗의 길이는
약 4밀리미터이며,
그물 모양의 주름이 있다.

꽃의 지름은
약 20~25밀리미터다.

꽃자루에
가시와 털

꽃받침조각은
가시 같은 털로 덮여있고
꽃잎보다 짧다.

암술과 수술은
길이가 비슷하다.

작은 잎이
보통 5~7(~9)개인
깃꼴겹잎이다.

잎줄기에
털이 거의 없고
가시가 있다.

작은 잎의 길이는
약 2~5센티미터다.

꽃이 거의
흰색인 것도
있다.

줄기의 길이가
약 2~3미터로
옆으로 길게 자라는
갈잎떨기나무다.

어린 가지에는
털이 거의 없으며
가시가 많다.

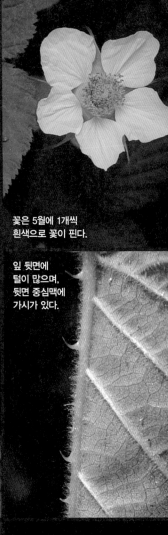

꽃은 5월에 1개씩
흰색으로 꽃이 핀다.

잎 뒷면에
털이 많으며,
뒷면 중심맥에
가시가 있다.

장딸기

[땅딸기]

Rubus hirsutus

—

작은 잎이 보통 5(3~7)개인 깃꼴겹잎이다. 잎 양면에 털이 있으며, 뒷면 중심맥
에 가시가 있다. 꽃은 5월에 1개씩 흰색으로 피고 열매의 지름은 약 15밀리미터
이며, 6월에 황적색으로 익는다.

열매는 6월에
황적색으로
익는다.

모인열매는 지름이
약 15밀리미터다.

씨앗의 길이는
약 1~2밀리미터다.

꽃의 지름은
약 3~4센티미터다.

수술

암술

꽃받침

꽃받침조각은
꽃잎과 길이가
비슷하다.

잎줄기

잎줄기에
가시와 털이
있다.

작은 잎은 길이 3~6센티미터,
폭 2~3센티미터 정도다.

작은 잎이
보통 5(3~7)개인
깃꼴겹잎이다.

잎 표면에
털이 촘촘하다.

줄기에
가시와 샘털이
있다.

약 20~60센티미터
높이로 자라는
갈잎버금
떨기나무다.

서양산딸기
[서양오엽딸기]

Rubus fruticosus
[Blackberry]

—

작은 잎이 보통 3〜5개인 손바닥 모양 겹잎이다. 잎 양면에 털이 있으며, 뒷면 중심맥에 가시가 없다. 꽃은 5월에 흰색으로 술모양꽃차례를 이룬다. 열매의 지름은 약 15〜20밀리미터이며, 붉은색에서 검은색으로 익는다.

꽃은 5월에 흰색으로
술모양꽃차례를 이룬다.

잎 양면에 털이 있으며
뒷면 중심맥에 가시가 없다.

모인열매의 지름은
약 15〜20밀리미터다.

열매는 7월에
붉은색에서 검은색으로
익는다.

암술대

씨방

수술은 암술보다
길다.

꽃받침조각은
좁은 삼각형이며
꽃잎보다 짧다.

꽃의 지름은
약 2~3센티미터다.

작은 잎의 길이는
약 3~8센티미터다.

작은 잎이
보통 3~5개인
손바닥 모양 겹잎이다.

턱잎

잎줄기

잎줄기에
털이 많으며
가시가 있다.

끝작은잎에 작은 잎자루가
서양산딸기: 있다.
오엽딸기: 없다.

작은
잎자루

어린 가지에
털이 많으며
가시가 있다.

약 1~2미터
높이로 자라는
갈잎떨기나무다.

원뿔꽃차례의 길이는
약 10~20센티미터이며,
7~8월에 흰색 꽃이 핀다.

쉬땅나무

[개쉬땅나무]

Sorbaria sorbifolia var. stellipila

—

잎은 어긋나게 달리며, 작은 잎이 15~30개인 깃꼴겹잎이다. 꽃의 지름은 약
6~12밀리미터이며 수술은 40~50개로 꽃잎 길이보다 2배 정도 길다. 열매의 길
이는 약 4~6밀리미터이며, 털이 촘촘하다.

잎 표면에 털이 없고
뒷면 맥 위에
약간의 털이 있다.

쪽꼬투리열매의 길이는
약 4~6밀리미터이며
털이 촘촘하다.

씨앗의 길이는
5밀리미터 정도다.

잎줄기에
털이 없다.

꽃의 지름은
약 6~12밀리미터이며,
수술은 40~50개다.

꽃받침조각은
뒤로 젖혀진다.

수술은
꽃잎의 길이보다
2배 정도 길다.

턱잎은 줄꼴이며
잎줄기에 털이 없다.

작은 잎은 길이 6~10센티미터,
폭 15~20밀리미터 정도다.

잎은 어긋나게 달리며,
작은 잎이 15~30개인
깃꼴겹잎이다.

턱잎

잎가에
겹톱니가 있다.

어린 가지에는
털이 없다.

약 2미터 높이로
자라는 갈잎떨기나무다.

원뿔꽃차례의 길이는
약 7~11센티미터이며
6월에 꽃이 핀다.

좀쉬땅나무
Sorbaria kirilowii

꽃은 6월. 쉬땅나무보다 한 달 정도 빨리 꽃이 핀다. 수술은 20개 정도로 쉬땅나
무보다 적은 편이다. 수술은 꽃잎과 길이가 비슷하거나 짧다. 열매의 길이는 약 3
밀리미터로 작고 털이 없다.

잎 표면에 털이 없고,
뒷면 잎줄겨드랑이에
털이 있다.

쪽꼬투리열매의 길이는
약 3밀리미터로 작으며
털이 없다.

꽃차례는
아래로 처지는 경향이
있다.

잎줄기에
털이 없다.

수술은
꽃잎과 길이가
비슷하거나 짧다.

꽃의 지름은
6~8밀리미터 정도이며
수술은 약 20개.

꽃받침잎은
뒤로 젖혀지고
털이 없다.

턱잎은 줄꼴이며
잎줄기에
털이 없다.

턱잎

작은 잎은 길이 6~17센티미터,
폭 15~20밀리미터 정도다.

잎은 어긋나게 달리며,
작은 잎이 13~21개인
깃꼴겹잎이다.

잎가에
겹톱니가
있다.

어린 가지에는
털이 없다.

약 2미터 높이로
자라는 갈잎떨기나무다.

원뿔꽃차례의 길이는
약 10~20센티미터이며,
6월 흰색 꽃이 핀다.

청쉬땅나무
Sorbaria sorbifolia f. incerta

—

쉬땅나무와 비슷하지만 약 5~6미터 높이로 키가 아주 높게 자란다. 꽃이 필 무렵 잎 뒷면에 털이 없다.

잎 표면에 털이 없고
뒷면에도 털이 없다.

쪽꼬투리열매의 길이는
약 4~6밀리미터이며
털이 있다.

열매는
9월에 갈색으로
익는다.

잎줄기에
털이 없다.

수술은
꽃잎 길이보다
2배 정도 길다.

꽃의 지름은
약 8~12밀리미터이며
수술은 40~50개다.

원뿔꽃차례

턱잎은 줄꼴이고
잎줄기에 털이 없다.

잎은 어긋나게 달리며,
작은 잎이 13~23개인
깃꼴겹잎이다.

턱잎

작은 잎은
길이 6~10센티미터,
폭 18~25밀리미터 정도다.

어린 가지에는
털이 없거나 있다.

약 5~6미터
높이로 자라는
갈잎작은키나무다.

잎가에
겹톱니가
있다.

청쉬땅나무

5월, 햇가지에 흰색 꽃이 모여
겹편평꽃차례를 이룬다.

잎 양면에
털이 있으나
없어진다.

팥배나무

Sorbus alnifolia

—

잎은 어긋나게 달리며, 달걀꼴~길둥근 모양의 달걀꼴이다. 잎은 길이 8~10센티미터, 폭 4~5센티미터 정도다. 잎가에 결각이 없으며, 겹톱니가 있다. 열매의 길이는 약 10밀리미터이며, 10월에 붉은색으로 익는다.

열매는 10월에
붉은색으로 익는다.

배 모양
열매의 길이는
약 10밀리미터다.

잎이 떨어진 후
늦가을 열매

꽃의 지름은
약 10밀리미터다.

암술대는 2개,
수술은 20개 정도다.

꽃자루에는
털이 없다.

잎자루의 길이는
약 1~2센티미터이고,
털이 있다가 없어진다.

잎은 길이
8~10센티미터,
폭 4~5센티미터 정도다.

잎은 어긋나게 달리며,
달걀꼴~길둥근 모양의
달걀꼴이다.

잎가에
결각이 없으며
겹톱니가 있다.

어린 가지에는
털이 있으나
곧 없어진다.

양 15미터 높이로
자라는
갈잎큰키나무다.

팥배나무

5월, 햇가지에
흰색 꽃이 모여
겹편평꽃차례를 이룬다.

잎 양면에
털이 있으나
없어진다.

긴팥배나무
Sorbus alnifolia var. lasiocarpa
—
팥배나무에 비해 열매의 길이가 약 12~14밀리미터로 길다.

배 모양 열매는
길이 12~14밀리미터,
지름 6~7밀리미터
정도다.

13밀리미터

열매는 10월에
붉은색으로 익는다.

팥배나무　　긴팥배나무

열매 길이
팥배나무: 10밀리미터
긴팥배나무: 12~14밀리미터

꽃의 지름은
약 10밀리미터다.

암술대는 2개,
수술은 20개 정도다.

암술대
아래쪽에
약간의
털이 있고,
꽃자루에
털이 없다.

잎은 어긋나게 달리며,
달걀꼴~길둥근 모양의
달걀꼴이다.

잎자루의 길이는
약 1~2센티미터이며
털은 점차 없어진다.

잎은
길이 8~10센티미터,
폭 5~6센티미터 정도다.

잎가에
겹톱니가
있다.

어린 가지에는
털이 있으나
곧 없어진다.

약 15미터
높이로 자라는
갈잎큰키나무다.

벌배나무

[가새팥배나무]

Sorbus alnifolia var. lobulata

—

팥배나무에 비해 잎은 길이 6~9센티미터, 폭 7~8센티미터 정도로 거의 동근꼴이다. 잎 가에 얕은 결각이 있다. 열매의 길이는 약 12밀리미터로 팥배나무보다 약간 큰 편이다.

5월. 햇가지에 흰색 꽃이 모여 겹편평꽃차례를 이룬다.

잎 양면에 털이 있으나 없어진다.

열매는 10월에 붉은색으로 익는다.

배 모양 열매의 길이는 약 12밀리미터다.

12밀리미터

열매에 꽃받침이 남아있지 않다.

꽃의 지름은
약 10~15밀리미터다.

암술대는 2개,
수술은 20개 정도다.

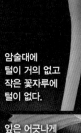

암술대에
털이 거의 없고
작은 꽃자루에
털이 없다.

잎자루의 길이는
약 1~2센티미터이며
털이 있으나
점차 없어진다.

얕은 결각

잎은 길이 6~7센티미터,
폭 5~6센티미터 정도다.

잎은 어긋나게
달리며,
거의 둥근꼴이다.

얕은 결각

잎가에
얕은 결각이 있으며
겹톱니가 있다.

어린 가지에
털이 있으나
곧 없어진다.

약 15미터 높이로
자라는 갈잎큰키나무다.

겹편평꽃차례는
지름이
약 8~12센티미터다.

잎 양면에
털이 없다.

마가목

[은빛마가목]

Sorbus commixta

—

당마가목에 비해 어린 가지와 겨울눈에 털이 없다. 작은 잎은 9~13개다.

열매는 10월에
붉은색~황적색으로
익는다.

배 모양 열매의 지름은
약 6~8밀리미터다.

잎가에 겹톱니
또는 홑톱니가 있다.

꽃의 지름은
8~10밀리미터 정도다.

작은 꽃자루에
털이 없다.

암술대
아래쪽에 털

잎줄기에
털이 없다.

작은 잎의 길이는
약 3~9센티미터다.

잎은
홀수깃꼴겹잎이며,
작은 잎은 9~13개다.

겨울눈에
털이 없다.

어린 가지에는
털이 없다.

약 6~10미터
높이로 자라는
갈잎작은키나무다.

잎 뒷면 중심맥에
길고 가는 갈색 털

녹마가목

[녹빛마가목]

Sorbus commixta* var. *rufo-ferruginea

—

마가목에 비해 잎줄기와 잎 뒷면 중심맥에 길고 가는 갈색 털이 촘촘하다.

겹편평꽃차례의 지름은
약 8~12센티미터다.

잎 뒷면 중심맥에
길고 가는 갈색
털이 촘촘하다.

열매의 지름은
약 6~8밀리미터다.

배 모양 열매는
10월에 붉은색~황적색으로
익는다.

잎가에 겹톱니
또는 홑톱니가 있다.

5월, 햇가지에
흰색 꽃이 핀다.

꽃의 지름은
약 8~10밀리미터다.

작은 꽃자루에
털이 있거나 없다.

잎줄기에
길고 가는 갈색 털

작은 잎의 길이는
약 3~8센티미터다.

잎은 홀수깃꼴겹잎이며,
작은 잎은 9~13개다.

5월,
활짝 핀 꽃

어린 가지에는
갈색 털이 있다.

약 6~8미터
높이로 자라는
갈잎작은키나무다.

겹편평꽃차례의 지름은
약 8~12센티미터다.

잎 표면에
털이 없고,
뒷면에 털이
있거나 없다.

넓은잎당마가목

Sorbus amurensis f. latifoliolata

당마가목과 비슷하지만, 작은 잎은 길이 35~40밀리미터, 폭 16~27밀리미터 정도로 길이가 짧고 폭이 넓다.

열매는 10월에
붉은색~황적색으로
익는다.

배 모양 열매의 지름은
약 6~7밀리미터다.

씨앗의 길이는
약 4밀리미터다.

꽃의 지름은
약 8~10밀리미터다.

암술대는
3개다.

암술대 아래쪽에
털이 있고,
작은 꽃자루에
약간의 털이 있다.

잎줄기에
털이 있거나 없다.

작은 잎은 길둥근꼴이며,
길이 35~40밀리미터,
폭 16~27밀리미터 정도다.

잎은 홀수깃꼴겹잎이며,
작은 잎은 13~15개다.

겨울눈에
털이 있다.

어린 가지에는
흰색 털이
약간 있다.

약 7미터 높이로
자라는
갈잎작은키나무다.

5월, 햇가지에 흰색 꽃이 겹편평꽃차례를 이룬다.

잎 표면에 털이 없고, 뒷면 맥 위에 갈색 털이 있거나 없다.

당마가목

[털눈마가목 · 털순마가목]

Sorbus amurensis

—

겨울눈에 털이 촘촘하다. 잎은 홀수깃꼴겹잎이며, 작은 잎은 13~15개다. 작은 잎은 바소꼴~넓은 바소꼴이며, 길이가 약 4~6센티미터다. 꽃의 지름은 약 6~10밀리미터이며, 꽃차례에 털이 있거나 없다. 열매의 지름은 약 6~7밀리미터이며, 10월에 붉은색~황적색으로 익는다.

배 모양 열매의 지름은 약 6~7밀리미터다.

수술은 꽃잎보다 짧다.

열매는 10월에 붉은색~황적색으로 익는다.

꽃의 지름은
약 6~10밀리미터다.

암술대는 3~4개,
수술은 20개 정도다.

암술대는
3~4개

암술대
아래쪽에
털

작은 꽃자루에
털이 있거나 없다.

잎줄기에
털이 있거나 없다.

작은 잎의 길이는
약 4~6센티미터다.

작은 잎의 숫자
마가목: 9~13개
당마가목: 13~15개

겨울눈에
털이
촘촘하다.

어린 가지에는
털이 약간
있거나 없다.

약 7미터 높이로
자라는
갈잎작은키나무다.

당마가목

5월, 햇가지에 지름이 약 8∼12센티미터인 겹편평꽃차례에 꽃이 핀다.

잎 양면에 흰색 털이 촘촘하다.

흰털당마가목

[흰털마가목 · 털당마가목]

Sorbus amurensis var. lanata

—

당마가목과 비슷하나, 어린 가지와 잎 양면 및 작은 꽃자루에 흰색 털이 많다.

열매는 10월에 붉은색∼황적색으로 익는다.

잎자루에 털

턱잎은 일찍 떨어진다.

배 모양 열매의 지름은 약 6∼7밀리미터다.

수술은
꽃잎보다
길다.

꽃의 지름은
약 8~10밀리미터다.

암술대
아래쪽에
털

작은
꽃자루에
털

잎줄기에
흰색 털이 있다.

잎의 길이는
약 4~6센티미터다.

잎은 홀수깃꼴겹잎이며,
작은 잎은 13~15개다.

겨울눈에
흰색 털이
촘촘하다.

잎자루

어린 가지에
흰색 털이 많다.

약 6~8미터
높이로 자라는
갈잎작은키나무다.

겹편평꽃차례의 지름은
약 8~12센티미터다.

잎 양면에
털이 없다.

산마가목

[두메마가목]

Sorbus sambucifolia var. pseudogracilis

—

마가목에 비해 약 2미터 높이로 작게 자란다. 작은 잎은 9~11개이며, 잎 뒷면은
녹색이다. 열매자루는 대부분 아래로 처지지 않고 위로 치솟는 특징이 있다.

열매자루는 대부분
아래로 처지지 않고
위로 치솟는 특징이 있다.

배 모양 열매의 지름은
약 10밀리미터로
약간 큰 편이다.

5월, 활짝 핀 꽃

꽃의 지름은
약 10~15밀리미터다.

작은 꽃자루에
약간의 털이 있다.

5월, 햇가지에
흰색 꽃이 핀다.

잎은 홀수깃꼴겹잎이며,
작은 잎은 9~11개다.

잎줄기에
털이 없다.

작은 잎은
길이 5~8센티미터,
폭 2~3센티미터
정도다.

겨울눈에
약간의 갈색 털이 있으며
끈적끈적하다.

어린 가지에
잔털이 있으나
없어진다.

약 2미터 높이로
작게 자라는
갈잎떨기나무다.

4~6개의 꽃이 모여
우산꽃차례를 이룬다.

잎 양면에
털이 없다.

조팝나무

[홑조팝나무]

Spiraea prunifolia f. simpliciflora

—

어린 가지에 털이 거의 없고 능선이 있다. 잎은 달걀꼴~길둥근꼴이며 잎 양면에
털이 없다. 꽃은 작년 가지에 4~6개가 모여 우산꽃차례를 이룬다. 수술은 20개
정도이며 꽃잎보다 길이가 짧다. 꽃자루의 길이는 약 10~20밀리미터이며 털이
없다.

쪽꼬투리열매의 길이는
약 3~4밀리미터다.

쪽꼬투리열매는
복봉선을 따라
쪼개진다.

꽃은
작년가지에
촘촘히
달린다.

꽃의 지름은
약 10밀리미터이며
작년 가지에 달린다.

수술은 20개 정도이며
꽃잎보다 길이가 짧다.

꽃자루의 길이는
10~20밀리미터
정도이며 털이 없다.

턱잎의 유무
조팝나무속: 없다.
국수나무속: 있다.

잎은 길이 2~3센티미터,
폭 15~20밀리미터 정도다.

잎은 어긋나게 달리며,
달걀꼴~길둥근꼴이다.

턱잎이
없다.

잎자루에
털이
거의 없다.

능선

가을 단풍

어린 가지에는
털이 거의 없고
능선이 있다.

약 1~2미터
높이로 자라는
갈잎떨기나무다.

2~5개의 꽃이 모여
우산꽃차례를 이룬다.

작년 가지

잎 표면에 털이 없고,
뒷면 맥 위에 간혹
털이 있는 것도 있다.

가는잎조팝나무

[능수조팝 · 분설화]

Spiraea thunbergii

—

조팝나무에 비해 잎은 줄 모양의 바소꼴이며, 꽃자루의 길이가 6~10밀리미터
정도로 짧은 편이다.

열매는
쪽꼬투리열매다.

열매의 길이는
약 3밀리미터이고,
털이 없다.

11월, 단풍

꽃의 지름은
약 8밀리미터다.

수술은 25개 정도이며,
꽃잎보다 길이가 짧다.

꽃자루의 길이가
6~10밀리미터 정도이며
털이 없다.

잎가에 톱니는
긴잎조팝나무보다 많으며,
잎 중앙부 이하까지
톱니가 있다.

톱니 ──○

잎은 길이 2~4센티미터,
폭 3~6밀리미터
정도다.

잎은 어긋나게
달리며, 줄 모양의
바소꼴이다.

어린 가지에
털이 있고
능선이 있다.

작년 가지는
갈색이다.

약 1~2미터
높이로 자라는
갈잎떨기나무다.

겹편평꽃차례의 지름은
약 2~4센티미터다.

잎 양면에는
털이 거의 없다.

긴잎조팝나무

[정화조팝나무 · 긴조팝나무]

Spiraea media
—

가는잎조팝나무에 비해 잎 위쪽에 흔히 2~3개의 톱니가 있다. 잎은 긴 길둥근
꼴~달걀같은 길둥근꼴이다. 수술은 꽃잎과 길이가 비슷하며 가는잎조팝나무보
다 길다.

열매는
쪽꼬투리열매다.

암술대

쪽꼬투리열매의 길이는
약 3밀리미터다.

쪽꼬투리열매에
털이 없고
암술대는 끝까지 남아 있다.

꽃의 지름은
7~10밀리미터
정도다.

수술은 꽃잎과 길이가 비슷하며,
가는잎조팝나무보다 길다.

꽃자루의 길이는
약 10~15밀리미터이며
털이 없다.

잎 위쪽에
흔히 2~3개의
톱니가 있다.

잎은 길이 5~6센티미터,
폭 14~17밀리미터 정도다.

잎은 어긋나게 달리며,
긴 길둥근꼴~달걀 같은
길둥근꼴이다.

톱니가
많은 잎도
가끔 있다.

갈퀴 같은
겨울눈

어린 가지에
능선이 있으며
털이 있으나
없어진다.

약 1~2미터 높이로
자라는 갈잎떨기나무다.

꽃은 5월,
햇가지에
편평꽃차례를
이룬다.

잎 양면에
털이 없다.

공조팝나무

[깨잎조팝나무]

Spiraea cantoniensis

—

어린 가지에 털이 없다. 잎의 길이는 3~5센티미터, 폭은 6~20밀리미터 정도다.
잎은 어긋나게 달리며, 바소꼴이다. 잎 위쪽에 결각상 톱니가 있다. 꽃은 5월 햇
가지에 편평꽃차례를 이룬다. 수술은 꽃잎 길이보다 짧다. 꽃자루에 털이 없다.

쪽꼬투리열매는
8~9월에 익는다.

열매에는
털이 없다.

햇가지

작년 가지

수술은
꽃잎 길이보다
짧다.

편평꽃차례

꽃자루에
털이 없다.

잎은 길이 3~5센티미터,
폭 6~20밀리미터 정도다.

잎은
어긋나게 달리며,
바소꼴이다.

잎자루의 길이는
2~10밀리미터이며
털이 없다.

어린 가지에는
털이 없다.

약 1~2미터
높이로 자라는
갈잎떨기나무다.

잎 위쪽에
톱니가 있다.

공조팝나무

반호우트조팝나무

[반호테조팝]

Spiraea x vanhouttei

—

어린 가지에 털이 없으며, 가지는 아치형으로 구부러진다. 잎은 어긋나게 달리며, 길둥근꼴~거꿀달걀꼴이다. 잎 중앙 위쪽에만 톱니가 있다. 편평꽃차례의 지름은 3~5센티미터 정도다. 수술은 꽃잎 길이보다 짧으며 꽃자루에 털이 없다.

편평꽃차례의 지름은
3~5센티미터 정도다.

잎 양면에
털이 없다.

쪽꼬투리열매의 길이는
2~3밀리미터 정도이고,
열매자루에 털이 없다.

쪽꼬투리열매는
5개이며 털이 없다.

가지는 아치형으로
구부러진다.

5월, 햇가지에
15~25개의 꽃이 모여
편평꽃차례를 이룬다.

햇가지

작년 가지

수술은
꽃잎 길이보다
짧다.

꽃자루에
털이 없다.

잎 중앙
위쪽에만
톱니가 있다.

잎은 어긋나게 달리며,
길둥근꼴~거꿀달걀꼴이다.

잎자루에
털이 없다.

잎은 길이 2~4센티미터,
폭 17~23밀리미터 정도다.

암술은
5개

씨방에
털이 없다.

꽃자루에
털이 없다.

어린 가지에는
털이 없다.

약 180~240센티미터 높이로
자라는 갈잎떨기나무다.

꽃차례에
꽃의 숫자가
적은 편이다.

인가목조팝나무

[철연죽]

Spiraea chamaedryfolia

—

어린 가지에 약간의 털이 있다. 잎은 어긋나게 달리며, 긴 달걀꼴~달걀꼴이며
끝이 뾰족하다. 잎 표면에 털이 없고 뒷면 잎줄겨드랑이에 털이 있다. 꽃차례에
꽃의 숫자가 적은 편이다. 수술은 꽃잎 길이보다 길다.

잎 뒷면 맥 위와
잎줄겨드랑이에
털이 있다.

잎줄겨드랑이에 털

쪽꼬투리열매의 길이는
2~3밀리미터 정도다.

열매에 털이 있으며
9월에 익는다.

잎가에
겹톱니가 있다.

꽃의 지름은 8~10밀리미터 정도이고, 수술은 꽃잎 길이보다 길다.

꽃받침조각은 젖혀진다.

꽃자루에는 털이 있다.

꽃은 5월, 햇가지에 편평꽃차례를 이룬다.

잎은 길이 3~5센티미터, 폭 2~3센티미터 정도다.

잎은 어긋나게 달리며, 긴 달걀꼴~달걀꼴이며 끝이 뾰족하다.

잎자루의 길이는 4~7밀리미터이며 털이 있다.

암술대는 5개

씨방에 약간의 털이 있다.

꽃자루에 털

어린 가지에는 약간의 털이 있다.

약 1~2미터 높이로 자라는 갈잎떨기나무다.

꽃은 5월,
햇가지에서
편평꽃차례를
이룬다.

잎 양면에는
털이 많다.

털인가목조팝나무

Spiraea chamaedryfolia var. pilosa

—

인가목조팝나무와 비슷하지만 잎 양면에 털이 많고 어린 가지와 잎자루에도 털이 많다. 꽃자루에 잔털이 있으며, 열매의 복봉선에도 털이 많다.

쪽꼬투리열매의 길이는
2~3밀리미터 정도다.

열매에 털

열매자루에
털

잎가에
겹톱니가 있다.

꽃의 지름은
8~10밀리미터
정도다.

수술은
꽃잎 길이보다
길다.

꽃자루에
약간의
잔털이 있다.

잎자루에
털이 많다.

잎은 길이 3~5센티미터,
폭 2~3센티미터 정도다.

잎은 어긋나게 달리며,
넓은 달걀꼴~달걀꼴이고
끝이 뾰족하다.

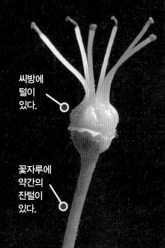

씨방에
털이
있다.

꽃자루에
약간의
잔털이
있다.

어린 가지에는
털이 많다.

잎자루에
털

약 1미터 높이로
자라는 갈잎떨기나무다.

털인가목조팝나무

5월, 햇가지에
15~25개의 꽃이 모여
편평꽃차례를 이룬다.

산조팝나무

[찰조팝나무 · 넓은잎산조팝나무]

Spiraea blumei
—

공조팝나무와 비슷하지만 잎은 넓은 달걀꼴~둥근꼴이고 잎 위쪽에 얕은 결각
상의 둥근 톱니가 있다. 꽃잎 끝은 흔히 오목하다.

잎 양면에 털이 없고,
잎 뒷면 잎맥은 도드라진다.

쪽꼬투리열매는
10월에 익는다.

열매의 길이는 2~3밀리미터
정도이고, 약간의 털이 있다.

햇가지

작년 가지

수술은
꽃잎 길이보다
짧다.

꽃의 지름은
6~8밀리미터 정도다.

꽃자루에
털이 없다.

잎자루에
털이 없다.

잎은 길이 3~4센티미터,
폭 2~3센티미터 정도다.

잎은 어긋나게 달리고,
넓은 달걀꼴~거의 둥근꼴에
가깝다.

잎 중앙 이하에도
얕은 둥근
톱니가 있다.

약 1~2미터
높이로
자라는
갈잎떨기나무다.

어린 가지에는
털이 없다.

5월, 햇가지 끝에
15~20개의 꽃이 모여
우산꽃차례를 이룬다.

잎 뒷면에
주름이 많으며
털이 있다.

아구장나무

[아구장조팝나무]

Spiraea pubescens

—

당조팝나무와 비슷하지만 꽃자루에 털이 없고 수술은 25~30개 정도이며, 꽃잎과 길이가 비슷하다. 잎의 위쪽에만 톱니가 있다.

잎 표면에
주름이 많으며
털이 있다.

쪽꼬투리열매의 길이는
약 3~4밀리미터다.

열매의
복봉선을 따라
간혹 털이 있다.

꽃의 지름은
약 5~8밀리미터다.

수술은 25~30개 정도이며
꽃잎과 길이가 비슷하다.

꽃자루에는
털이 없다.

잎자루의 길이
아구장나무: 2~3밀리미터
당조팝나무: 4~11밀리미터
떡조팝나무: 2~10밀리미터

잎의
위쪽에만
톱니가
있다.

잎자루가 짧고
털이 있다.

잎의 길이는
3~4센티미터
정도다.

잎은 어긋나게 달리며,
길둥근꼴~거꿀달걀꼴이다.

햇가지

작년 가지

꽃차례는
햇가지 끝에
달린다.

어린 가지에는
털이 있다.

약 1~2미터 높이로
자라는 갈잎떨기나무다.

꽃은 햇가지 끝에
16~25개가 모여
우산꽃차례를 이룬다.

잎 양면에 털이 많다.

당조팝나무

Spiraea chinensis

—

어린 가지에 갈색 털이 촘촘하다. 잎은 어긋나게 달리며, 달걀꼴~달걀 같은 마름모꼴이다. 잎 양면에 주름이 많으며 털이 촘촘하다. 잎 표면에 광택이 나지 않는다. 잎에 톱니는 깊으며, 중간 위쪽에만 몇 개가 있다.

잎 표면에
주름이 많아
광택이 나지
않는다.

우산꽃차례

잎 표면 주름과 털

꽃의 지름은
5〜10밀리미터
정도다.

수술은 20개 정도이며
꽃잎보다 길이가 길다.

꽃자루에
털이 있다.

잎자루의 길이는
4〜11밀리미터 정도이며
털이 있다.

잎의 길이는
3〜5센티미터
정도다.

잎은 어긋나게 달리며,
달걀꼴〜달걀 같은
마름모꼴이다.

수술은 꽃잎보다
길이가 길다.

어린 가지에
갈색 털이 많다.

약 1〜2미터 높이로
자라는 갈잎떨기나무다.

꽃은 5월, 햇가지에
우산꽃차례를 이룬다.

잎 뒷면은
맥 위에만
털이 있다.

맥 위에만 털

떡조팝나무

[떡잎조팝 · 기장조팝나무]

Spiraea chartacea

—

당조팝나무와 비슷하지만 꽃자루와 어린 가지에 털이 없다. 잎은 두꺼우며 잎 표면에 광택이 있다. 잎 표면에 털이 없고 잎 뒷면 맥 위에만 털이 있다. 잎 뒷면 잎맥이 도드라진다.

쪽꼬투리열매는
9월에 익는다.

잎 표면에
주름이 있으며
털이 없다.

열매에
털이 있다.

꽃의 지름은
5~10밀리미터
정도다.

수술은 꽃잎과 길이가
비슷하다.

꽃자루에
털이 없다.

잎자루의 길이는
약 2~10밀리미터이며
털이 있다.

잎 표면에
광택이 있다.

잎은 길이 6센티미터,
폭 5센티미터 정도다.

톱니는
위쪽에만
있다.

잎은 어긋나게 달리며,
마름모꼴~길둥근꼴이다.

우산꽃차례

어린 가지에는
털이 없다.

약 1~2미터 높이로
자라는 갈잎떨기나무다.

떡조팝나무

꽃은 5월. 햇가지에
겹편평꽃차례를 이룬다.

잎 양면에
털이 없으며
뒷면은 흰빛이
돈다.

갈기조팝나무

[갈퀴조팝나무]

Spiraea trichocarpa

—

잎겨드랑이에 갈퀴 같은 겨울눈이 있다. 잎은 길이 2~5센티미터, 폭 1~2센티미
터 정도다. 잎 양면에 털이 없으며 뒷면은 흰빛이 돈다. 꽃자루에 털이 있다.

열매는 9월에 익는다.

쪽꼬투리열매에
털이 있다.

겹편평꽃차례는
햇가지에 달린다.

겹편평꽃차례의 지름은
5센티미터 정도다.

꽃의 지름은
7~9밀리미터 정도다.

꽃자루에는
털이 있다.

뿌리에서 자란 가지의
잎 위쪽에 몇 개의 톱니가 있다.

꽃 피는
가지의
잎에는
톱니가 없다.

잎은 어긋나게 달리며,
긴 길둥근꼴이다.

겨울눈

잎겨드랑이에
갈퀴 같은 겨울눈冬芽이
있다.

어린 가지에는
털이 없으며
능선이 있다.

약 100~150센티미터
높이로 자라는
갈잎떨기나무다.

겹편평꽃차례의 지름은
약 10센티미터이며
햇가지에 달린다.

잎 양면의 색깔이 비슷하고,

잎 양면에 털이 있다.

덤불조팝나무

Spiraea miyabei

—

참조팝나무와 달리 꽃잎은 흰색이며, 꽃의 중심부도 흰색이다. 잎은 참조팝나무
보다 얇은 편이다. 잎 양면의 색깔이 비슷하고, 잎 양면에 털이 있다. 씨방에 잔털
이 있고 열매의 털은 참조팝나무가 복봉선에만 있는 반면 덤불조팝나무는 털이
많은 편이다.

쪽꼬투리열매는
9월에 익는다.

열매에
털이 많다.

씨방에
털이 있다.

꽃자루에
털이 없다.

꽃잎은 흰색이며,
꽃의 중심부도
흰색이다.

중심부도
흰색

꽃의 지름은
5~8밀리미터 정도다.
수술은 꽃잎보다
길이가 길다.

꽃자루에
털이 없다.

잎은 어긋나게 달리고
넓은 바소꼴이며 얇다.

잎자루의 길이는
2~5밀리미터 정도이며
털이 있다.

잎은 길이 4~7센티미터,
폭 15~20밀리미터 정도다.

잎가에 겹톱니가 있다.

어린 가지에는
털이 있다.

잎자루

약 100~150센티미터
높이로 자라는
갈잎떨기나무다.

덤불조팝나무

겹편평꽃차례의 지름은
3~6센티미터 정도이고,
햇가지에 달린다.

잎 표면은 털이 없고,

뒷면 맥 위에
약간의 털이 있다.

둥근잎조팝나무

[둥근조팝나무]

Spiraea betulifolia

—

참조팝나무에 비해 잎은 둥글거나 달걀꼴이며 꽃잎 중심부도 흰색이다. 덤불조
팝나무와 달리 어린 가지와 잎자루에 털이 없다.

열매의
복봉선에
털이 있다.

쪽꼬투리열매는
9월에 익는다.

잎가장자리에 홑톱니
또는 겹톱니가 있다.

꽃은 중심부도
흰색이다.

수술은 꽃잎보다
길이가 길다.

꽃자루에
털이 없다.

잎자루의 길이는
약 1~3밀리미터이며
털이 없다.

잎은 어긋나게 달리며,
둥글거나 달걀꼴이다.

잎의 길이는
2~5센티미터
정도다.

잎 뒷면 맥 위에 털

어린 가지에는
털이 없고
능선이 있다.

약 1미터 높이로
자라는
갈잎떨기나무다.

둥근잎조팝나무

겹편평꽃차례의 지름은
5~8센티미터 정도이고,
햇가지에 달린다.

잎 양면에는 털이 없다.

참조팝나무

[물조팝나무 · 왕조팝나무]

Spiraea fritschiana

—

어린 가지에는 털이 있다. 잎은 어긋나게 달리며, 길둥근꼴~달걀 같은 길둥근꼴
이다. 잎 양면에 털이 없고 꽃잎 중심부는 흰색에 가까운 연한 홍색이다. 수술은
꽃잎보다 길이가 길다.

쪽꼬투리열매의 지름은
3밀리미터 정도다.

열매의 복봉선에만
털이 있다.

10월, 열매

복봉선에 털

꽃 중심부의 색깔
참조팝나무: 연한 홍색
덤불조팝: 흰색

중심은
연한 홍색

꽃의 지름은 약 5~8밀리미터다.
수술은 꽃잎보다 길이가 길다.

꽃자루에
털이 있다.

잎의 톱니는
중간 아래쪽에도
있다.

잎은 어긋나게 달리며,
길둥근꼴~달걀 같은
길둥근꼴이다.

잎은 길이 4~8센티미터,
폭 3~4센티미터 정도다.

잎가에 겹톱니가 있다.

어린 가지에는
털이 있다.

약 1~2미터 높이로
자라는 갈잎떨기나무다.

꽃차례의 모양
일본조팝: 겹편평꽃차례
참조팝: 겹편평꽃차례
꼬리조팝: 원뿔꽃차례

겹편평꽃차례

잎 표면 맥 위에
털이 있고

뒷면에는
털이 없다.

일본조팝나무
Spiraea japonica
—
참조팝나무에 비해 꽃은 더 진한 분홍색이며 잎은 바소꼴이고 잎가에 불규칙한
예리한 톱니가 있다. 꼬리조팝나무에 비해 꽃은 편평꽃차례다.

쪽꼬투리열매의 길이는
약 2~3밀리미터다.

씨앗

수술은 꽃잎보다
길이가 길다.

꽃의 지름은
3~6밀리미터 정도다.

암술대는 5개

꽃자루에 털

꽃자루에
털이 있다.

잎자루의 길이는
1~5밀리미터 정도이며
털이 있거나 없다.

잎은 길이 4~8센티미터,
폭 15~20밀리미터 정도다.

잎은 어긋나게 달리며,
바소꼴이다.

잎가에 불규칙한
예리한 톱니가 있다.

어린 가지에는
털이 있다.

약 1미터
높이로 자라는
갈잎떨기나무다.

원뿔꽃차례의 길이는
5~10센티미터,
폭 2~4센티미터
정도로 길이가 폭의
2~5배 정도로 길다.

잎 표면에
털이 없으며

뒷면 맥 위에
가끔 잔털이 있다.

꼬리조팝나무

[개쥐땅나무 · 붉은조록싸리]

Spiraea salicifolia

—

일본조팝나무와 달리 꽃은 원뿔꽃차례에 달리며, 덤불조팝나무에 비해 꽃차례
가 원뿔 모양이고 꽃이 엷은 홍색이다. 잎자루가 짧아 거의 없는 것처럼 보인다.

쪽꼬투리열매는
복봉선을 따라
털이 있다.

열매는 10월에
갈색으로 익는다.

씨앗

수술은 28~32개 정도다.
수술은 꽃잎보다 길이가
2배 정도 길다.

꽃은 보통 지름
4~7밀리미터
정도다.

암술은
4~7개

씨방

꽃자루에
털이 있다.

잎자루의 길이는
2~6밀리미터 정도며
털이 있거나 없다.

잎의 길이는 3~7센티미터,
폭 1~3센티미터 정도며
가운데가 가장 넓다.

잎은 어긋나게 달리며,
바소꼴이다.

잎가에
잔 톱니가 있다.

어린 가지에
털이 있거나 없으며
능선이 있다.

약 1~2미터
높이로 자라는
갈잎떨기나무다.

꼬리조팝나무

꽃차례의 모양
국수나무: 원뿔꽃차례
나도국수: 술모양꽃차례

잎 양면에는
털이 있다.

국수나무

[뱁새더울 · 거렁방이나무]

Stephanandra incisa

—

잎은 길이 2~6센티미터, 폭 3~4센티미터 정도다. 잎 끝은 꼬리처럼 길다. 원뿔
꽃차례의 길이는 2~6센티미터 정도다. 씨방과 꽃자루에 털이 있다. 열매는 쪽꼬
투리열매이며 9월에 익는다.

쪽꼬투리열매는
9월에 익는다.

씨앗의 길이는
2밀리미터 정도다.

가지는
밑으로 처진다.

원뿔꽃차례의 길이는
2~6센티미터 정도다.

수술은 10개
암술은 1개다.

암술은 1개

씨방에
털이 있다.

꽃자루에
털이 있다.

잎자루에
털이 있다.

턱잎

잎은 길이 2~6센티미터,
폭 3~4센티미터 정도다.

잎은 어긋나게 달리며,
잎 끝은 꼬리처럼 길다.

꽃자루에
털이 있다.

어린 가지에는
털이 있다.

약 1~2미터
높이로 자라는
갈잎떨기나무다.

원뿔꽃차례의 길이는
1〜2센티미터로 작은 편이다.

잎 양면에 털이 있다.

나비국수나무

[개국수나무 · 호접국수나무]

Stephanandra incisa var. quadrifissa
—

국수나무에 비해 잎의 길이 3센티미터, 폭 25밀리미터 정도로 소형이고 잎의 결각은 깊이 갈라지며 잎 끝은 국수나무에 비해 꼬리처럼 길지 않다. 원뿔꽃차례의 길이는 1〜2센티미터로 작은 편이다.

쪽꼬투리열매는
9〜10월에 익는다.

열매에 암술과 꽃받침은
끝까지 남는다.

영구암술대

영구꽃받침

씨앗의 길이는
2밀리미터 정도다.

씨방에
털이 있다.

작은
꽃자루에
털이 있다.

꽃은 5월,
햇가지 끝에
달린다.

수술은 10개
암술은 1개다.

턱잎

잎자루에
털이 있다.

잎은 길이 3센티미터,
폭 25밀리미터 정도로
국수나무에 비해 소형이다.

잎은 어긋나게 달리며,
결각은 깊이 갈라진다.

약 1미터 높이로 자라는
갈잎떨기나무다.

꽃차례가
짧은 편이다.

어린 가지에는
털이 있다.

나비국수나무

술모양꽃차례의
길이는
4~9센티미터
정도다.

꽃차례의 모양
나도국수: 술모양꽃차례
일본국수: 원뿔꽃차례

잎 양면에
약간의 털이 있다.

나도국수나무

[조팝나무아재비]

Neillia uekii

—

어린 가지에 별 모양 털이 있고 능선이 있다. 잎에 결각 상의 톱니가 있으며 잎
끝은 꼬리처럼 길어진다. 술모양꽃차례의 길이는 4~9센티미터 정도다. 열매 껍
질에 샘털이 촘촘하다.

쪽꼬투리열매는
9~10월에 익는다.

열매 껍질에
샘털이 촘촘하다.

영구꽃받침은
끝까지 남는다.

씨앗

씨방에
털이 있다.

수술은
꽃잎 안쪽에
붙어있으며
위아래 두 줄로
배열된다.

작은
꽃자루에
샘털 또는
털이 있다.

샘털

꽃의 지름은
5밀리미터 정도다.

잎자루의 길이는
5~15밀리미터 정도이고,
털이 있거나 없다.

잎에 결각 상의
톱니가 있으며,
잎 끝은 꼬리처럼
길어진다.

잎자루

턱잎

잎은 길이 5~8센티미터,
폭 3~4센티미터 정도다.

작은
꽃자루에
샘털

꽃대에 털

어린 가지에
별 모양 털이 있고
능선이 있다.

약 1~2미터
높이로 자라는
갈잎떨기나무다.

꽃은 4월, 햇가지에
편평꽃차례를 이룬다.

잎 표면에 털이 없고
뒷면 맥 위에 털이 있으며
잎줄겨드랑이에는
털이 거의 없다.

섬국수나무

[섬조팝나무]

Physocarpus insularis

—

인가목조팝나무와 동일한 종으로 보는 견해도 있지만, 작은 꽃자루와 어린 가지,
잎자루에 털이 없다. 잎 표면에 털이 없고 뒷면 맥 위에 털이 있으며 잎줄겨드랑
이에는 털이 거의 없다.

쪽꼬투리열매의 길이는
2~3밀리미터 정도다.

열매에 털이 많으며
9월에 익는다.

잎가에 결각 상의
겹톱니가 있다.

꽃의 지름은
8~10밀리미터 정도다.

수술은
꽃잎과 길이가
비슷하다.

꽃받침조각은
젖혀진다.

꽃자루에
털이 없다.

잎자루의 길이는
5밀리미터 정도이며
털이 없다.

잎은 길이 3~5센티미터,
폭 2~3센티미터 정도다.

잎은 어긋나게 달리며,
넓은 달걀꼴이고
끝이 뾰족하다.

암술대는
5개

꽃자루에
털이 없다.

꽃자루에 털
섬국수나무: 없다.
인가목조팝나무: 있다.

어린 가지는
지그재그로 자라며
털이 없다.

약 1미터
높이로 자라는
갈잎떨기나무다.

꽃은 6월
햇가지 끝에 달린다.

잎 표면에 털이 없고,
뒷면 맥 위에
별 모양 털이 있다.

산국수나무

[타래조팝나무]

Physocarpus amurensis

—

잎은 손 바닥 모양으로 얕게 갈라진다. 씨방은 길이 4~6밀리미터 정도이고, 털
이 있다. 복봉선에 털이 있다. 암술대는 3~5개다.

열매의 복봉선에 털이 있다.
쪽꼬투리열매는
3~5개씩 달린다.

털이 있다.

복봉선에 털
양국수나무: 없다.
산국수나무: 있다.

열매가 익으면
복봉선을 따라
쪼개지면서
씨앗이 나온다.

씨앗

편평꽃차례의
지름 3~4센티미터
정도다.

꽃의 지름은
15밀리미터 정도다.

씨방에
털이 있다.

작은꽃자루에
털이 있다.

씨방에 털
산국수나무: 있다.
양국수나무: 없다.
중산국수: 있다.

잎자루가
길다.

턱잎

잎자루의 길이
산국수나무: 15~35밀리미터
섬국수나무: 5밀리미터 정도

잎의 길이는
5~10센티미터 정도다.

잎은 어긋나게 달리며,
손바닥 모양으로
얕게 갈라진다.

턱잎

어린 가지에 털이 없거나
잔털이 있고 능선이 있다.

턱잎의 유무
산국수: 있다.
조팝나무속: 없다.

약 2미터 높이로
자라는
갈잎떨기나무다.

씨앗은 달걀꼴이고
길이가 약 2밀리미터다.

편평꽃차례는 6월,
햇가지 끝에 달린다.

잎 표면에
털이 거의 없고,
뒷면 잎줄겨드랑이에
털이 있다.

잎줄겨드랑이

중산국수나무
[중국국수나무 · 증산국수나무]
Physocarpus intermedius
—

잎은 어긋나게 달리며, 흔히 결각 상으로 갈라진다. 잎 뒷면 잎줄겨드랑이에 털이 있다. 씨방에 털이 있고 작은 꽃자루에 털이 없다. 열매의 복봉선에 털이 있다. 쪽 꼬투리열매는 4~5개다.

쪽꼬투리열매는
9월에 익는다.

털이 있다.

복봉선에 털
중산국수: 있다.
산국수: 있다.
양국수: 없다.

복봉선

열매가 익으면
복봉선을 따라 쪼개지면서
씨앗이 나온다.

암술

꽃의 지름은
1센티미터 정도다.

씨방에
털이 있다.

작은
꽃자루에
털이 없다.

씨방에 털
중산국수: 있다.
산국수: 있다.
양국수: 없다.

잎은 어긋나게 달리며,
둥근꼴에 가까운 달걀꼴이며
흔히 결각 상으로 갈라진다.

턱잎

잎자루에
털이 거의 없다.

잎의 길이는
2∼6센티미터 정도다.

턱잎

약 2미터
높이로 자라는
갈잎떨기나무다.

씨앗의 길이는
약 2밀리미터다.

어린 가지에는
털이 없다.

편평꽃차례는 5월,
햇가지 끝에
달린다.

잎 양면 맥 위에
털이 있다.

양국수나무

Physocarpus opulifolius

—

중산국수나무와 비슷하지만 씨방에 털이 없고 어린가지에 별 모양 털이 있으며
잎 양면 맥 위에 털이 있다.

쪽꼬투리열매는
9월에 익는다.

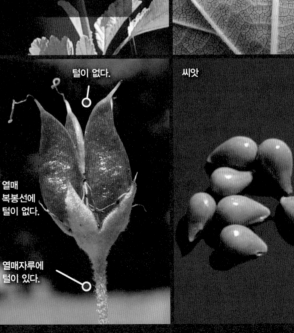

털이 없다.

열매
복봉선에
털이 없다.

열매자루에
털이 있다.

씨앗

편평꽃차례

꽃의 지름은
1센티미터 정도다.

씨방에
털이 없다.

작은
꽃자루에는
털이 있다.

잎자루에
별 모양 털

턱잎

잎의 길이는
2~6센티미터
정도다.

잎은 어긋나게
달리며, 흔히
결각 상으로
갈라진다.

잎자루와 턱잎에
별 모양 털이 있다.

6월, 열매

어린 가지에는
별 모양 털이 있다.

약 120~180센티미터
높이로 자라는
갈잎떨기나무다.

양국수나무

*꽃은 원으로 표시되었으며, 숫자는 꽃 피는 순서를 나타냄. 1이 가장 먼저 핀 꽃.

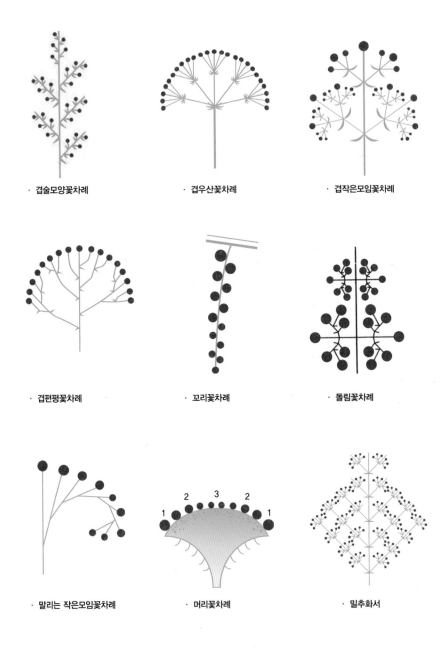

· 겹술모양꽃차례

· 겹우산꽃차례

· 겹작은모임꽃차례

· 겹편평꽃차례

· 꼬리꽃차례

· 돌림꽃차례

· 말리는 작은모임꽃차례

· 머리꽃차례

· 밀추화서

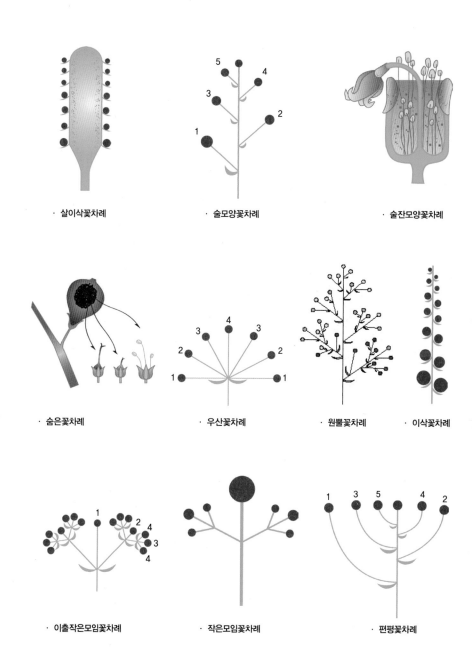

· 살이삭꽃차례   · 술모양꽃차례   · 술잔모양꽃차례

· 숨은꽃차례   · 우산꽃차례   · 원뿔꽃차례   · 이삭꽃차례

· 이출작은모임꽃차례   · 작은모임꽃차례   · 편평꽃차례

한눈에 알아보는 우리 나무 **2**

1판 1쇄 2021년 5월 10일
1판 4쇄 2024년 12월 2일

지은이 박승철
펴낸이 강성민
편집장 이은혜
마케팅 정민호 박치우 한민아 이민경 박진희 황승현
브랜딩 함유지 함근아 박민재 김희숙 이송이 박다솔 조다현 배진성 이서진 김하연
제작 강신은 김동욱 이순호

펴낸곳 (주)글항아리 | 출판등록 2009년 1월 19일 제406-2009-000002호

주소 10881 경기도 파주시 심학산로 10 3층
전자우편 bookpot@hanmail.net
전화번호 031-955-2689(마케팅) 031-941-5161(편집부)

ISBN 978-89-6735-879-2 06480

www.geulhangari.com